U0002795

最高教養術

媽咪老師的原子計畫

讓最貼近家長心的媽咪老師Cindy
透過學習正向教養高效管理時間
改寫孩子與自己的人生

媽咪老師 Cindy ——— 著

目 錄
Contents

Chapter **1**　**原子計畫預習課**

Chapter **2**　**原子計畫使用說明書**

推薦序

突破傳統框架的心法整理

台灣跨界知識社群交流協會理事長 / **花芸曦**（少女凱倫）

願妳，終究是妳

Cindy 是我過往近三年輔導的全職媽咪，現在她已是一位書籍作者，擁有自己的小事業，非常恭喜她跨越人生的新階段。

2020 年，她透過我開設的線上寫作課程，投入網路寫作事業，還記得初期她的文章需要大幅調整，文件到處都是紅字，我回信時還特別請她加油，多數人在這種狀況下，就會選擇逃避、不敢再嘗試，但 Cindy 不一樣，她懷抱熱情、積極，持續書寫、公開發表，透過多樣的課程持續進修，並專注於「正向教養」領域，透過創作者計畫、出版媒合，為自己開創了新的機會，精神值得敬佩。

　　在華人的傳統文化中，女性結婚後，得相夫教子、轉移重心以家庭為主，許多女性也在過程中失去自我，雖然現代社會這樣的現象已緩解許多，但仍有不少家庭面對此類問題。《媽咪的原子計畫》則是一位全職媽媽突破傳統框架的心法整理。

　　《媽咪的原子計畫》首先點出作為全職媽媽的困難，然而透過作者本身正向教養的教育方式，延伸出實用的工具、表格、思維，讓孩子一同加入家庭時間管理，規劃「孩子的原子計畫」，解放媽咪的大腦與時間，維持家庭的富足與良好互動，相信許多新手媽咪、為時間感到壓力的人，都能夠參考書中的心法，慢慢練習，轉換教養小孩的方式，藉以提升家庭及身心和諧。

　　Cindy 亦是親子理財專欄的作者，因此書中有許多部分提及財務管理，同時亦發起親子共讀財經新聞，教導孩子拿到零用錢時需要先記帳、花錢練習需要與想要，從時間與財務兩大面向著手，讓此書的內容豐富且實用。

　　願每個女性，在成為妻子、母親後，仍然保有自我，期待透過《媽咪的原子計畫》本書的影響力，帶領你找到屬於自己的節奏，成為更好的自己。

開啟正向教養的第一步

親子理財專家 / **馬哈** 老師

　　我跟媽咪老師 Cindy 因財商教育而相識，她的兩個寶貝兒子除了正面陽光，還懂得好好管理金錢，更知道如何從小透過理財賺取「被動收入」，享受時間所帶來的複利奇蹟。

　　每個孩子都是父母的心肝寶貝，我記得我孩子剛出生時，很多朋友送我育兒書籍，大家都說你就照書養，後來才發現每個孩子個性不同，有的一出生就是像是一個天使，有的卻是磨人的小惡魔，讓你吃不好、睡不飽，還會讓你常常情緒失控，一度想把孩子塞回肚子裡。

　　這本《媽咪的原子計畫》我個人很喜歡，因為 Cindy 一開

始就說了「媽媽不是超人，而是普通人」，我想這句話帶出很多媽媽的心聲，我剛生完孩子 40 天就覺得自己有產後憂鬱症，因為養小孩壓力真的很大，媽媽也需要喘息、換手的空間，我們只有先照顧好自己，才有力氣正向教養我們的孩子。

Cindy 在書中談到了很多具體的方法跟案例，如何協助媽媽透過原子計畫開啟正向教養的第一步，從一開始當妳想正向教養孩子時，請先想一下妳會想用哪一種風格？討好、安逸、控制還是優越，例如我個人則偏向「混搭型」，就是結合討好跟優越型。

除了確認自己正向教養風格，書中也談到媽媽們如何具體做好時間管理、財務規劃，以及親子之間的正向教養方式與對話過程，我們不用當 100 分的媽媽，如果你帶孩子疲倦了或是有教養上的難題，請你打開這本書，裡面很多的「正向教養小工具」，都可以幫你解決教養問題，同時協助你啟動專屬的原子計畫書。

推薦序

兼顧所有面向 活出精采人生

溝通表達培訓師 / **張忘形**

其實會被邀請寫推薦序真的是受寵若驚，當時 Cindy 來報名我的課程，在介紹的時候，他說他是正向教養的講師，有兩個孩子、經營一個粉專，因為對課程有興趣所以來報名參加。

當時我最訝異的就是，那他是怎麼管理自己的時間呢？畢竟我自己沒有小孩，光是工作跟發文，還有各種的瑣事就讓我焦頭爛額，他怎麼能兼顧這些的平衡下，還把自己打理的這麼好呢？

然而看了這本書後，我就完全明白。其實他進行的不是時間管理，而是全方面的生活管理。當我們一切都只看重時間時，

也許你會花大量的精力，感受到疲憊、感受到壓力，甚至最後感受到絕望。

　　所以這本書的第一步，並不是跟你說怎麼樣做好時間管理，而是讓你釐清在生活中，怎麼樣降低各式各樣的消耗，當你疲倦時，有哪些治標且治本的方式能夠消除這些狀況。

　　舉例來說，我們可能覺得時間管理就是硬是把時間擠出來，但也許透過跟老公的溝通，可以減少很多衝突以及得到幫助。又或是透過書中寫的出門三件事，幫助孩子打理自己生活，甚至透過科技的力量，例如使用洗碗機來減少家務的時間等等。

　　當找到這些資源後，你會發現其實重要的不是管理時間，而是打造一個系統，當這個系統自動運行，我們就能夠花很少的力氣來處理瑣事，把精力放在重要的事情上。

　　那麼，什麼叫做重要的事情呢？我覺得在這本書的中段，有關於各種價值觀的討論，例如關係（愛）、錢、健康等等。透過他分享的故事與釐清，讓我們開始思索，到底我們重要的

是什麼，把這些都放在我們的長期計劃上。

最後，畢竟這本書是為了媽媽而寫，如果我們能搞定孩子，通常媽媽也會輕鬆許多，所以回到他的正向教養專長，我們不只自己執行計畫，也讓孩子能夠慢慢的獨立生活。

而我覺得很棒的是，這邊的獨立不是讓孩子自生自滅，而是分享從出生到國中生可能會遇到的小狀況，提供不同的正向教養幫助，讓孩子能夠有生活的自主權，也更是把好的生活還給自己。

因此想要向你推薦這本書，如果你跟我一樣還沒有孩子，這本書能夠幫你找到身邊的資源，並且透過一步一步的拆解，回頭思考人生的目標，並且把精力放在最重要的事情上面。

而如果你已經有了孩子，我覺得這本書不僅是跟你分享計劃，更是分享與孩子相處，實際落實正向教養的概念，讓孩子擁有自主權，也讓父母更輕鬆的一本書。

最後我想說，我覺得這本書真正要提的不是時間或計畫，

因為我最敬佩的其實是作者的名字 XD。

你看，他既是媽咪，也是媽咪老師，也是 Cindy。他有許多身分，需要顧及許多人，然而如何能夠兼顧所有，並活出自己的人生呢？這就是這本書想給大家的禮物！

推薦序

運用商業管理思維的育兒教養

企業講師、職場作家 / **謝文憲**

教養孩子跟擔任主管很像，沒有人是天生的父母，也沒有人是天生的主管，我們都是從每一個錯誤中學習。

我跟媽咪老師相識於商戰管理 CXO 學院系列課程，她甜甜的笑容很吸引我注意。

我在開學儀式、幾次實體與線上課程、結業典禮中跟她聊天，也開始留意她的粉專，我才印證：「沒有人是天生的，大家都是媽生的。」對於正向教養、兒童理財、親子閱讀和家庭教育，她想向商業領域學習，拜讀此書後才發現：「商業領域所談的管理思維，大多都應用在媽咪的原子習慣與計畫中。」

　　母親，比起我們這類商業人士更需要時間管理，而媽咪管理的或許不僅是時間，而是能量、要事、以終為始的思維，而這本書，正是為所有媽咪所寫的正向成長指引書。

媽媽不是超人，而是普通人

我是 Cindy，經營臉書粉絲團「媽咪老師聯絡簿」。大學就讀花蓮師院美勞教育系。國小教育實習完取得國小教師證，繼續深造臺藝大視覺傳達研究所。畢業後，不同於同學出國進修或進入職場工作，我選擇結婚生子，直接走入家庭生活成為媽媽，與先生 Nelson 育有兩個兒子：哥哥 2010 年出生、弟弟 2013 年出生。由於先生工作需要國內外出差，我時常一打二，因此被臉書粉絲笑稱為「左右為難」的媽咪老師 Cindy。

我的學經歷背景，讓我在成為媽媽前，自認能當個「生活與育兒平衡的完美母親」，就像是影劇中法國媽媽優雅地坐在塞納河畔咖啡廳，邊喝咖啡邊陪伴在嬰兒車上自己玩的安靜寶寶。

　　孩子出生前，我看了好幾本教養書，滿心期待孩子的「模樣」，會如同書中圖片呈現天使般笑容的可愛寶寶。然而，孩子出生後，我才知道書上描述的「哭鬧不休」是沒有暫停鍵的！新生兒的哭泣是以「30分鐘」為單位起跳，即使按照書上的方式：換尿布、餵奶、抱抱，寶寶還是哭個不停。

　　我看著教養書上完美的寶寶、電視上明星小孩的可愛笑容，再對比手上抱著安撫也無法停止哭泣的寶寶，不自覺地跟著流下眼淚。滑落臉龐的淚水不是難過，而是發自內心的挫折與沮喪。達不到原先的期望，我便認定自己是個失敗的母親，在心中自問：「為什麼他們都可以很輕鬆地做到，我就是沒辦法？」

　　萌生「失敗母親」念頭源於師院畢業的自信，除了對媽媽角色有極高的期許，誤將寶寶當成「最佳模範生」，對寶寶有「不合理」的超齡要求。我希望當了母親仍可有完美的計畫表平均分配陪伴孩子、煮副食品與工作時間，也期待孩子符合「天使寶寶」吃、玩、睡的規律作息。

　　我按照「百歲醫生」的寶寶睡眠訓練，挑選安全的嬰兒床與放手讓孩子哭泣的方式，培養寶寶一覺到天亮的作息。第一

次嘗試，三個月的寶寶斷斷續續哭了快一小時，我也在門外站了一個小時。身為新手媽媽，內心非常不安與緊張，一方面要承受親友捨不得寶寶眼淚提出的質疑，另一方面也不知道這樣的方式是否正確？

睡眠訓練到了第二週，寶寶可以小哭一下就自行入睡。之後，他偶爾還是會大哭才睡，或是遇到寶寶生病發燒，因為我擔心他不舒服，從嬰兒床抱到大床一起睡，方便照顧與安撫不適。等到感冒痊癒要送回嬰兒床時，他已習慣有人陪睡，還不會言語的寶寶只能用大哭表達抗拒獨自入睡，睡眠訓練又需重新再來。

面對接連不斷的睡眠問題，強烈的挫折與失望動搖我的睡眠訓練。師院教育培育我「解決問題的能力」，在擦乾眼淚後，繼續看一本又一本的教養書，並到相關的臉書社團求問。

「該怎樣養成規律的作息時間？」

「該如何吃均衡營養的副食品？」

在我想培養「完美模範生」的心態與日常規矩練習下，兩

歲多的寶寶外出時大部分能夠自己吃副食品、吃飽後不看 3C，能夠安靜地玩玩具、遊戲書，與習慣「吃玩睡」的規律生活作息。但也有遇到挫折的時候，當寶寶不吃菜，我為了健康希望他吃完而僵持不下；或者到睡覺時間，寶寶在嬰兒床上 30 分鐘還沒睡著，超出內心預期睡覺時間而延後洗奶瓶、掃地與摺衣服等其他家務的壓力下，導致我忍不住破口大罵。面對每天重覆的高壓情緒，常常懷疑我的教養是否正確？

心理學家阿德勒（Alfred Adler）在《你的生命意義，由你決定》中提到教師的小孩，學校成績經常遠不如人。意即，他觀察到身為教師的父母遇到教養問題會施加過多壓力給小孩，造成他們有很大機會藉由反抗來展現個人的意志。

所以當孩子沒睡飽，在我與朋友聚會中鬧脾氣，我將他的正常行為視為育兒挑戰，用強硬手段，例如：講道理、帶到廁所等方式。現在，我們都知道帶有情緒的教養引導是無效的，只會讓孩子用哭鬧或是躺在地上，以更強烈的行動抗議父母。

我在哥哥大班時，上了正向教養的家長班。課程中我明白要先改變教養方式，才能影響孩子。當中印象最深刻的正向教

養工具是「鼓勵」和「高品質的陪伴」。

　　國小實習與補習班教兒童美術和孩子們的互動，我算是不吝嗇給學生鼓勵與讚美，上課才察覺我很少鼓勵我的孩子。鼓勵不只是有好的結果才說出稱讚的話，而是過程中也能說出欣賞孩子做得好的地方。

　　我還記得第一次練習說出欣賞孩子的好行為，是哥哥正準備往垃圾桶丟垃圾。我對六歲的哥哥說：「謝謝你丟垃圾。」他聽到我說的話，馬上眼睛瞪大看著我，本來要往垃圾桶丟的手停在空中，一副難以相信媽媽會說出鼓勵的話，過了一會兒才把垃圾丟進垃圾桶。

　　正向教養家長班有一項作業是：「每天要陪孩子玩 10 分鐘。」我事先告知哥哥有「每天會陪你玩」的功課。沒想到，哥哥反應竟是不願意。不過，我沒有因他的反應出現任何情緒，採取坐在旁邊提問和拿起玩具玩，自然而然地進入他的遊戲世界，按照心理師說的「跟隨孩子」，傾聽孩子的想法進行遊戲。如果孩子想玩樂高積木蓋城堡，便按照他的想法陪他一起蓋。我刻意閉上嘴，按照他的方式進行遊戲，不給建議和選擇決定，

使得他有被尊重的感受。這次課程，我體悟到每個孩子的特質不同，需適性引導。

當哥哥上了小學後，朋友邀請我上正向教養家長課的體驗班。課堂中「角色扮演」是父母轉換成孩子的身分，用孩子的角度體驗父母兩種教導方式，分別為嚴厲的怒罵口吻與溫和又堅定的語氣。

我們總是習慣告訴孩子該怎麼做、要做什麼，又抱怨孩子不會思考。「換位思考」的體驗教學中明白直接告訴容易引起孩子的反抗，如果使用啟發式提問「現在要做什麼？」孩子會針對問題思考與回答，培養他們獨立思考的能力。

我回家應用這些課程的學習，雖然覺得有效，但是有時候也會卡關不知道該怎麼辦，甚至被先生質疑太溫和了。我進一步參加「正向教養」創始者簡‧尼爾森博士（Dr.Jane Nelsen）2019 年在深圳的演講，他分享自身的教養歷程。若太過於溫和，孩子會無法聽話，因此轉而使用嚴格的對待。但，過於高壓的教養會讓孩子有權力爭奪的困擾，並與家長產生距離，於是又重回溫和的引導。在如此反覆來回的模式中，最後他在阿德勒

心理學中整理出溫和又堅定的正向教養。

　　簡·尼爾森博士以他學齡前孫子花了 20 到 30 分鐘自己穿上衣服的例子，告訴家長「尊重孩子」和「相信孩子」，是培養他能做到的能力進而發展問題解決能力。華人家長常遇到孩子寫作業拖拖拉拉的問題，他示範運用「家庭會議」共同討論行事曆。我學到了「讓表格說話」，即將親子約定好的事項寫在紙上，用表格引導孩子完成約定。若孩子沒有按照約定執行時，家長只需拿出表格提問：「現在需要做什麼？」、「你打算怎麼做？」取代怒罵「功課寫了沒？」、「趕快去洗澡！」等直接命令的教養方式。

　　2020 年寒假受疫情影響，家長第一次經歷同時要處理孩子線上課程與在家工作的混亂。幾乎班上的父母都反應孩子在家無法好好坐在椅子上專心聽老師直播，我也不例外，也遇到孩子忘記上課時間錯過直播課、不願意寫作業。此時，我上簡·尼爾森博士的線上課，善用「具體化圖表」與「親師合作」，我寫訊息給孩子導師，表達我遇到的問題和希望他能多鼓勵哥哥。他在課程與私人訊息中告訴哥哥：「老師看到你在學校的

表現，相信你在家可以坐好。」我也試著用「遇到問題又是學習的機會」的心態，重新看待孩子們在家上課沒坐好的行為，運用正向教養的「鼓勵」和「花時間訓練」。在家庭與學校共同合作下，孩子們「大部分時間」都能主動記得上課時間並乖乖坐好聽老師上課。

2017 年，我從哥哥大班開始接觸正向教養的家長班以來，我深刻感受正向教養帶給家庭的改變，於是 2020 年進修「正向教養家長講師」、2021 年取得「正向教養學前講師」、2022 年學習「正向教養的婚姻長樂講師」。

在 2022 年的「婚姻長樂課程」，80 多歲的簡‧尼爾森博士使用線上軟體和設備臨時遇到耳機聽不到，態度自若地請其他老師引導克服問題，親身示範學無止境。他的經驗，提醒了我「每個專業都需要學習」。然而，當醫生要念完醫學系、當老師要修完教育學程，可是卻沒有一個學校教媽媽怎麼當媽媽？我遭遇育兒的挫折問題，藉由「正念瑜珈」察覺不論是生氣或是開心，都只是個情緒。我們感受到情緒，讓「它」在身體流動後慢慢離開。

過去的我只有初步認識情緒，成為「正向教養講師」後，明白正向教養以阿德勒（Alfred Adler）心理學為基礎，以平等與尊重的方式對待孩子。簡 • 尼爾森博士將其設計出 52 種教養工具，讓家長能按照清楚的具體做法在家進行正向教養。

　　學習正向教養發現我的「教養風格」偏向優越型，也就是凡事求好的個性，我以為能兼顧家庭、自己想要做的事情與孩子教育的一個完美媽媽。

　　我觀察到：原來我的腦袋有個「內建行事曆」，會在腦海規劃什麼時間該做什麼事情。例如：晚上 7 點前要上床睡覺、預計花兩週訓練孩子上廁所等等。但是，我不會具體地講出內心計畫，常常造成與孩子及先生在時間觀念上的認知落差，產生情緒上的對立或是不溝通的冷戰。

　　因而調整計畫表的不同步調，對於孩子，我使用正向教養的具體行事曆，邀請他們一起畫下具體的計畫。以圖畫紙共同討論孩子的行程與外出活動；對於先生，我採用夫妻會議，共同討論後選擇善用科技工具，共用 Google 行事曆。當我開始將具體的目標簡單畫下來（不需要電腦程式完美畫出來，我們只

需拿張白紙記錄。）不斷地檢查與修正，微調到容易執行的方式，漸漸地，就能夠完成自己的目標並養成長久習慣。

「時間管理」跟「情緒管理」這兩個觀念息息相關。因為當孩子大吼大叫哭鬧時，父母一點也沒有辦法執行原本的時間計畫，只有父母情緒穩定的等待孩子，一起學習情緒教育，才能夠做到真正的時間管理。

媽媽同時兼任教養、工作、家務等不同的身份，但是每天只有 24 小時的時間壓力下，特別需要高效時間管理。然而，市面上卻沒有專門寫給媽媽的時間管理書。如果讓媽媽們跟商務人士學習時間管理，卻又太強人所難，因為他們不需要跟失控的幼兒相處、不需要花三小時陪睡，也沒有一個晚上要起來五到六次喝夜奶的寶寶。我整理學習正向教養的學習與心得，希望提供一份父母版本高效時間管理「原子計畫」，讓各位父母了解工作平衡與育兒的美妙與美好。

Chapter 1

原子計畫預習課

當媽後的生活：一人當成兩人用

　　「偽單親媽媽」一詞經常出現在媽咪相關討論區，意即爸爸負責上班，媽媽一肩扛下家務、教養與長輩的壓力。大部分的爸爸不是隊友，更像是長不大的孩子。

　　媽媽懷胎十月，會先經歷胎動、孕吐等身體變化。寶寶在肚子時，女性已開始學習當媽媽；大部分的先生則是從孩子生下來、剪掉臍帶那一刻，才意識到自己成為爸爸。在此之前，他們很習慣照顧好個人就好。

　　因此，媽媽們都會在網路討論區提到「教育孩子都沒爸爸的事」。寶寶出生後，先生仍然像單身，自顧自地滑手機、在廁所蹲很久都不出來、想要他換個尿布或一點小事情，都沒有辦法完成。

　　太太對於先生的期待是希望可以成為神隊友，然而上一代的爸爸們都是回到家看電視新聞與報紙藉此休息減輕工作壓力，很少跟孩子有聊天陪伴的機會。爸爸被賦予的社會責任是工作和做好賺錢的本分，教育子女的功課就留給媽媽。曾聽過一個笑話：「爸爸開心到國小接孩子下課，但沒等到孩子。跟太太電話確認，才驚覺他已經上了國中。」

　　教養，誰說了算？

　　對於上一輩來說，我們這輩像是大孩子帶著小孩子。一方面學習新世代父母應該做的，一方面承擔上一輩給的教養方針，已經不是三明治或是夾心餅乾的左右為難可以形容，是難上加難的一言難盡。

　　由於阿公阿嬤會在一旁給很多的意見，例如：「洗完澡要馬上穿衣服！都已經兩歲了！該戒尿布了！都什麼時間？早點去睡覺！」讓 30 歲至 40 歲的父母們面對孩子時，自己常常也像是個孩子。

　　Y 學員分享：「先生從小是媽媽一手帶大，沒有父親教育

經驗的狀況下，也影響他不知道該如何跟孩子們相處，例如怎麼跟孩子玩及照顧孩子等爸爸的相關責任。」此外，先生受到的教育是男生要勇敢、不能哭，所以缺乏正確的情緒教育，他也不知道該怎麼引導孩子的情緒，最常講的話是「不能哭、不可以生氣！」也因此 Y 學員時常感受到除了當媽，還有個大孩子要教育。

另一位 A 學員希望先生一起執行正向教養，剛開始的做法是把正向教養的書放在客廳，希望先生可以隨時查閱，但是先生都沒有翻閱。後來他學習後，不強求先生閱讀，從自身做起示範正向教養的句子與方式，先生看到了他的改變以及孩子的改變，於是詢問他如何做到，他會跟先生分享怎麼做，不用命令方式，也不會施壓。當先生做出了相同的正向教養，他會馬上鼓勵，使得雙方教養方式越來越一致。

H 學員閱讀《溫和且堅定的正向教養》第十章，查看本身偏向哪類的風格，也從中比對了一下長輩是以哪種風格教育自己，上了《認識你的教養風格》後，對於自己的教養更有信心。

他說：「我開始學習釋懷在育兒日常中所出現的情緒，放下自己為何做不到跟別人一樣的那股焦慮。」因為了解先生的風格，先尊重先生的當下的決定，事後再來討論，告訴他期望與打算怎麼做。以往的我不會把事情說出來，透過《認識你的教養風格》知道有些事情還是要說出口，對方才知道做了什麼讓我生氣和需要做什麼。像是我為了孩子不吃飯生氣吼叫時，不是當場叫我不要責罵並把孩子帶去一旁餵飯，而是提醒我先去休息，換爸爸處理孩子不吃飯，減少夫妻教養上的摩擦。當我開始欣賞孩子的進步與如何做，先生更能理解正向教養怎麼執行，先生也漸漸因為我一旁的鼓勵而進步。

　　面對上一輩和先生的教養不一致，如果父母認識自身的教養風格後，便可依照自身特質調整，在生活上更加安逸和自在，有更多餘裕去對待身邊的人事物。遇到問題又是學習的機會，不只是教養，當身體、心理與財務出現狀況，可以透過閱讀書籍與學習，找到些可循的脈絡，整合成適合自己的計畫前進。

認識你的教養風格

風格	優點	缺點
討好	充滿愛；友善；交友廣闊；體貼；付出；避免衝突	需要認同；容易受傷；過度付出，會感到不滿；逃避衝突
安逸	隨和；容易滿足；彈性；做好自己本分	逃避壓力；對於個人成長較不感興趣，不喜歡改變
控制	領導與組織能力；堅持；事先規劃	控制慾，過度重視細節，缺乏彈性，難察覺他人需求
優越	喜歡學習與成長；理想化；自信	過度參與；低估他人能力；喜歡當最優秀

圖片來源：《溫和且堅定的正向教養：姚以婷審定推薦，暢銷全球 40 年的阿德勒式教養經典，教出自律、負責、合作的孩子，賦予孩子解決問題的能力》遠流出版，第 301 頁。

心理疲倦：寶寶的事就是我的事

　　我曾在急診室目睹，一位媽媽帶著年齡約莫幼兒園中班、嚎啕大哭中的孩子看診。原來孩子上學途中，不小心被摩托車的排氣管燙到，痛得哇哇大叫，忽然一個匆忙身影趕來，原來是孩子的爸爸。本以為爸爸會一起安撫，殊不知，爸爸馬上對太太大聲咆哮：「你怎麼連小孩都顧不好！」反到是旁邊的護士緩頰說：「現在先照顧好小孩子。」心急的先生沒聽勸，不願意放下指責的手持續怒罵，太太低著頭默默聽著，一邊緊抱著安撫不知因傷口疼痛還是被緊張情緒嚇到而哭泣的孩子。

　　這點出以往觀念「媽媽要照顧好孩子」，孩子任何事情出錯都是媽媽的錯，這是真的嗎？我能理解上述急診室的媽媽承受的自責情緒。

2022 年 5 月份，身邊的人都害怕確診，我也每天緊盯確診足跡，避免與確診者到訪時間重疊。當時先生出差，我獨自一人照顧二個孩子。即使我們再謹慎小心，弟弟還是確診。先生隔著電話，雖然嘴巴沒明說，並未直接指責我沒顧好小孩，但語帶緊張的口氣，讓我自覺是個「失職的母親」，承擔著顧不好小孩的無形壓力。

　　我學習正向教養和閱讀阿德勒書籍，知道是自己選擇帶孩子、支持先生出差。糾結於孩子為何確診、責怪自己，對於現階段孩子高燒不退，沒有實質幫助。

　　剛好，陳志恆諮商心理師在《正向聚焦》讀書會課程中提醒「把肯定的焦點放在一個人的積極與正向處」，幫助我察覺先生緊張的口氣是「擔心」與「愛」，所以我將「做不好」的念頭轉化為對孩子的「無條件的愛」，這個小小的改觀，減輕了我的壓力與夫妻對話的火爆語氣，反而跟先生的溝通變得順暢與平和。

　　我先照顧好自己的情緒與壓力，向好友訴苦。做好照顧孩

子的最好準備，把重心放在解決問題上面，因為有支持的朋友，情緒找到被理解的出口，又看見自己的努力，才能勇於承擔所有的壓力。

《正向聚焦》讀書會有項功課要對他人（或自己）演練正向聚焦的變化式。因為剛好孩子確診，我對自己正向聚焦，忙碌的確診生活中，我忘了欣賞我的努力，第一時間帶孩子去聯合醫院 PCR；學習如何用健康護照，將確診資料快速回報學校；趕快訂購清冠一號；聯繫朋友支援快篩。讀書會的最後一堂課，我在聊天區中打著「先生對於孩子確診，努力抱持平靜的態度，但我仍聽出沒照顧好孩子的失望。」陳志恆諮商心理師點醒這件事情：「有沒有做得好的地方？」

我恍然大悟！ 原來最該欣賞的人是自己！當欣賞自己並充飽電時，才能幫孩子充電，更可以幫先生充電，使得全家的電力保持滿格。

當你育兒疲倦時，正向鼓勵自己

我們常常只看見結果，沒看到過程。可以花點時間，拿起筆，或是打開手機的記事本。寫下自己的努力過程，用「我」的句式來開頭。

舉例：

我看見（行動），我很替自己感到（情緒）。

經由每天看見自己的肯定，更會尊重自己。

教養疲倦：育兒焦慮＋作業焦慮

「養育孩子不只是吃飽喝暖，還怕他們輸在起跑線。」這是常見的育兒焦慮。

我雖然在孕期看了許多育兒書，但遇到新生兒哭泣卻無能為力，不知道如何幫他包尿布、不知道他在哭什麼，什麼都不懂。知道寶寶哭泣是反應需求，我要回應他的需求，然而，看了教育的文章或是書籍，還是只能一直猜測孩子的哭鬧在表達什麼。自己仍是個笨手笨腳的媽媽，或是我沒有親自做均衡的副食品，我就是個壞媽媽；我學不會像哈佛媽媽教會孩子自信的方法。讀完這些文章，有種就算再怎麼努力，都沒有辦法成為一個好媽媽，對於教養產生更多的疲倦，更可以說是手足無措不知道如何是好！

某年夏天帶著兩歲只穿包屁衣（包住屁股的連身上衣）的哥哥出門，路上不認識的阿姨指著孩子說：「這樣穿太涼了！要穿褲子！」因忙於家務和工作，曾有讓孩子一週早餐都吃麥片的經驗，然而，親子教養文章提出早餐吃麥片不好，猶如餵孩子吃糖易造成過動。除了文章以外，路人、長輩與先生都可以指責母親失職、做得不好。

　　孩子的成長過程就像電動破關，每天都是新的關卡，之前可以好好吃飯，忽然吃很少；之前可以睡過夜，不知道為何又要夜奶？最常見就是兩到三歲的孩子沒辦法遵守約定！

　　當孩子沒有辦法遵守約定，這時候不需要跟他們爭執，而是等待親子情緒都穩定時，邀請孩子坐下來一起討論該如何遵守規矩或使用有限選擇。當孩子不願意完成約定的事，家長需要了解孩子們不會一次到位，可能有不能接受、大哭大鬧、不願意遵守等反抗行為發生。家長需要耐心陪伴與引導，如同美國知名醫師麥克斯韋爾・馬爾茲曾在其著作《心理控制論》（Psycho-Cybernetics）提出，「要養成一個新習慣，至少需

要 21 天的時間，才有機會建立。」因此習慣養成是無法一天就馬上改善的，家長要花時間練習陪伴。

為什麼孩子總是不願意遵守約定？也可能是家長有錯誤的期待：「總認為講了一遍就會聽、就能做到。」請你仔細回想小時候，我們的爸媽是不是也跟我們講了幾百遍，我們才去收玩具跟整理書包呢？

我們沒有的，也無法教育孩子。

以前的教育是大人說了算。以整理書包來說，若沒帶到課本，回家就是接受處罰，為了避免受罰，我們學會檢查書包。我們的父母並不會告訴我們如何整理書包的程序：先打開書包、整理要用的課本、再放入鉛筆盒等，一項一項的細分步驟，所以我們其實也不知道怎麼教育孩子收書包，延用傳統的方式叫他去收。

家長可用事前約定、拆解小步驟以及具體的圖表，可以協助孩子們能夠按照表格一步一步完成，自然而然就更能夠遵守親子的約定。

Y學員的分享

我們是雙薪家庭，孩子白天給阿嬤帶。我怕阿嬤一開放平板時間，兩歲半的小孩會 3C 成癮，所以一開始我就告訴阿嬤千萬不要開給他，告訴孩子需等太陽下山爸爸媽媽回來才能看，這樣我可以掌控時間，也能掌控他看了什麼。決定之後，就是事前跟孩子進行溝通，先跟孩子説螢幕看太久眼睛會生病，得去看醫生，問他希望如此嗎？孩子大概是因為有看眼科割麥粒腫（針眼）的經驗，因此很害怕看醫生，所以立刻説：「不要！不要！不要看醫生。」我順勢説：「為了保護眼睛不用看醫生，媽媽要跟你做個約定，每天可以看 20 分鐘。時間到，如果自己關掉，明天還可以再看；如果不關掉，媽媽也會幫你關起來，而且明天就不能看囉。」

約定好之後就是執行，孩子當然不是每次時間到就自動自發，這點自律還在努力中，關掉後他大哭大鬧也是常

有的事，我包容等待他的情緒宣洩，下次他會記得我們有這個約定。《羅寶鴻的安定教養學》作者羅寶鴻老師也說過：「當孩子被拒絕，哭鬧是必然的。」有這點認知後，學習重新看待孩子的哭鬧，我心情也平靜許多。同時也注意到孩子受到挫折的哭鬧，是挫折容忍度訓練的累積。

我在孩子兩歲多時，曾經買了可旋轉的計時器（可看到顏色減少）給孩子，但效果不好。每次我轉完，孩子都會再轉多一點時間，或是看到我用計時器就大哭，後來我再也沒有使用了。直到三歲後，我改用手機的計時器，我會把時間數字轉好讓他按「開始」，讓孩子意識到有跟我做這個約定。感覺運用這個方式，我孩子比較買單。現在回想，我覺得孩子會拒絕計時器，有可能一開始拿出計時器就是給他「限制」的感覺，而現在拿出計時器給他的是「可以玩這麼久喔」或「可以多玩這麼久喔」的語氣，也會讓孩子感受到尊重的區別。

自律的孩子，都需要先他律。

大部分的家長都會抱怨孩子時間管理不好，或是自我

管理不佳。詳細詢問家長有時間管理的習慣嗎？大部分的答案是沒有，所以也別責怪孩子。有些規矩需要家長先示範與花時間培養與教導孩子們，不要再羨慕其他人家的自律小孩，只要你願意開始協助孩子，他們會發展自我管理。

當孩子進入學校學習後，家長很容易出現「作業焦慮」。

家長背負孩子作業責任？

家長 E 曾委屈地說：「陪孩子寫作業，寫到我自己悲傷的哭起來。」因為他的孩子一定要媽媽在旁邊陪著，不然不願意乖乖寫作業。於是他什麼事情都不能做，只能坐在旁邊陪寫。

把作業責任還給孩子。

所以家長先示範時間管理，方能引導孩子自律，享受家庭親子的喜悅。2020 年孩子們在書房聽學校的線上直播課，我在餐桌跟著簡·尼爾森博士的線上影片學習，運用正向教養的鼓勵、邀請孩子參與合作和善用具體的行事曆。像是，在書桌旁貼出孩子的課表並口頭詢問：「該如何記得上課？」孩子們會想出設定計時器提醒上課時間；

肯定孩子願意寫作業的行為，慢慢培養孩子自主寫功課。當時為小二的哥哥和小一的弟弟漸漸地會主動記得課表，乖乖坐好上課。

　　小孩不是不乖，不好教，而是我們家長運用了什麼方法和態度面對這件事，了解自己與孩子，更可以做出相對正確的方式。因此我整理家長可以調整的三個方式，這樣更能陪伴孩子培養自律。

• 一、試著降低標準。

　　家長對於孩子在家上線上課的期望是像在教室一樣乖乖坐好、專心做筆記。可是，孩子在平板前的實際狀況是坐得歪七扭八、隨意在聊天區聊天，甚至私自調整雙螢幕，一半畫面是小學老師直播講課，另一半畫面則是電玩YouTube 頻道，邊上課邊看，甚至關上平板視訊畫面，直接拿起手機打遊戲。

　　以上父母的期待與現實的落差，家長透過言語與其他溫和方式百般提醒仍然無效，造成情緒失落與無助；而更急於糾正孩子，反而造成親子情緒和言語衝突，在無可奈何的情況下只好使用傳統高壓教養來處罰孩子。

正向教養很重視「換位思考」，請各位父母想想：當你在線上開會時，會不會開其他視窗在看新聞或是滑臉書？大人都會這樣做，更何況只是個孩子。可是，孩子上線上課是為了學習，是自己該負責的責任，所以我們把「上課責任」還給孩子，邀請孩子一起來討論「上線上課應該怎麼做？」

家長先把標準降低，把坐姿不端正、上課分心看影片等問題，先選一個容易調整的來討論。當家長的標準降低，孩子感覺容易達成並更有動力，更願意培養新的習慣。

• 二、別忘了鼓勵孩子。

我以前只會看到孩子做得不好的地方，很少鼓勵他做得好之處，上了「正向教養家長班」跟著心理師學習欣賞孩子做的好行為，嘗試鼓勵孩子收拾玩具，了解鼓勵帶給孩子很大的力量。《正向聚焦》一書中提到「三項佐證」正向聚焦孩子的行為：

1. 向外比較：與他人比

2. 自我比較：跟自己比

3. 標準比較：跟某個標準（例如原本 10 分鐘才能算完一

道數學題目,現在可以 8 分鐘解完)

　　家長多鼓勵孩子,看見他做得好的地方並具體的形容:「我看到你有專心上課」、「這一題的題目你寫得很仔細,一定花了很多時間」,如果你是孩子,聽到爸爸媽媽的肯定,會不會更有動力去完成該做的事情呢?

・三、善用親師合作。

　　老師的一句話抵過家長的千言萬語。我家哥哥的線上課程作業的國字寫得比較潦草。我私下發訊息:「老師,我需要您的幫忙,如果老師有時間可否發訊息或是語音,鼓勵孩子字寫漂亮一點。」老師站在鼓勵孩子的立場,馬上回語音訊息給哥哥,讓他感受到老師的關注,也知道自己做得到,對於線上課程有了參與感,也更願意將字寫得漂亮。

　　當孩子越來越獨立,負責自身的作業,管理好自己的學業以及時間,我也重新找回育兒開心的狀態,先生看到我跟孩子的改變,開始跟著學習,更願意放軟姿態參與家庭事務,讓整個家庭氣氛變得更好。

Wendy 的分享

我家小一姊姊昨天寫作業時，一直說：「我就是做不好、我是一個失敗者。」

如果是以前的我，只會一直告訴他：「做不好沒關係，再多練習就好，下次就會做得更好。」

但是，這些話都沒有幫助，姊姊的情緒還是沒有改善。連帶的，我也會被姊姊的負面情緒影響。

但我學習正向教養後更清楚「要先處理情緒，再處理事情」。

首先察覺穩定自己，並按照「錯誤目的表」（如下圖）發現姊姊是「自暴自棄」。

我知道姊姊又開始自認不夠好，其實他內心是想尋求我的安慰。所以我慢慢懂得開始練習先接住他的情緒，一次、兩次、好多次，慢慢地情緒被安撫下來，他自己也更懂得要怎麼紓解這樣的情緒。

像昨天姊姊寫作業寫到情緒上來時，我先同理他，讓他哭泣發洩約莫五分鐘，再問他：「要不要媽媽抱一下？」他用淚水和鼻水夾雜的抽蓄哭腔說：「媽媽，我先不要抱抱，我想先畫畫，做自己的事情，待會如果有需要我再跟你說。」

雖然情緒略有激動，淚流滿面，但他還是能理性說出需要的安撫方式，我覺得滿感動的。

睡前我一樣跟他說：「不論如何，不管你做得好還是不好，媽媽永遠愛你，不會改變。」

雖然他還是想考更好的分數來過度證明自己，面對不如預期的成績總會有失落與傷心情緒，但我懂得先穩定自身的情緒再接住他的情緒，我看見他的成長，覺得很開心。

　　關於小學生寫作業，每個媽媽都有說不完的苦水。拖拖拉拉、忘記帶作業……等煩惱，弄得家長心急如焚。Wendy 學習「錯誤目的表」，了解孩子的錯誤目的是「自暴自棄」。家長理解孩子是在尋求幫助後，更能平穩地接納他的情緒。同理孩子，讓小一的姊姊發洩完情緒，在媽媽的鼓勵下更能順利完成作業。

　　我也是學習正向教養的「錯誤目的表」，理解弟弟看到作業就哭哭啼啼的需求。我放慢速度陪伴他把三頁的國語作業分成三次，每寫完一頁休息 15 分鐘。累積完成作業的成功經驗幫助孩子建立自主寫作業習慣。現在，我能在旁邊寫作等待他們提問，或是邊整理家務和洗碗。

錯誤目的表

　　當我講電話，孩子一直來拉我或是推我。我感受到煩躁，我的反應是跟他說：「等一下喔！媽媽再講一下！」孩子聽完則是離開一下下，沒多久又過來拉我陪他玩。孩子拉我行為背後目的是希望受到我的注意，因而感受到自己的重要。所以，孩子的錯誤目的是「尋求關注」，他真正想說的是「注意我」。理解孩子的需求後，家長可以選用「給孩子幫得上忙的任務」，告訴他：去看三本書，看完書之後，我就會去陪你。

　　先忽略孩子此刻的行為，並表示你希望孩子現在可以怎麼做，「我很想跟你玩，我現在需要講電話，講完就陪你。」或是建立家長講電話的慣例表、開家庭會議討論等方式。

錯誤目的表使用方式：

錯誤目的表　育兒事件：孩子在我講電話時，一直拉我和推我。

5. 孩子的目的	過度關注	爭奪權力	報復	自暴自棄
1. 父母的感受	煩躁，懊惱，擔憂，愧疚	生氣，被挑戰，受威脅，挫敗	難過，失望，難以置信	失望，絕望，無助
2. 父母的一般反應	提醒哄騙	爭執，讓步，想證明自己是對的	反擊投降	放棄幫孩子完成
3. 孩子的回應	暫停一下，不久又繼續回復老樣子或是其他干擾行為	行為變本加厲雖然服從，但是很挑釁	反擊傷害	更退縮被動
4. 孩子行為背後的信念	受到注意或是特別對待，我才覺得自己很重要只有你們繞著我轉，我才重要	當我說了算，我才有歸屬感你無法強迫我	我沒有歸屬感，所以我要傷害別人我不受歡迎或是喜愛	我沒有歸屬感，我要說服他人不要對我有期待我很無用又無能，反正我不可能做好，根本不需要嘗試
6. 孩子心中的訊息密碼	注意我，讓我參與	讓我幫忙，給我選擇	我很難過，請重視我的感受	別放棄我，告訴我怎麼一步步進行
7. 父母應積極並賦予孩子力量的回應：	給孩子幫得上忙的任務忽略孩子行為，說你會怎麼做（例如：我很在意你，晚一點來陪你）相信孩子能夠處理自己的感受安排特別時光，建立日常慣例表家庭會議	承認你無法逼孩子做事，藉由請求他們協助，重新引導出正向力量提供有限的選擇從衝突中離開，冷靜下來養成互相尊重的習慣	承認孩子傷心的感受避免懲罰與反擊表現關心道歉，並修補關係鼓勵孩子的優點家庭會議	將任務拆解成一個個小步驟創造能成功的機會鼓勵任何積極的嘗試教導技巧並示範

圖片來源：《溫和且堅定的正向教養：姚以婷審定推薦，暢銷全球 40 年的阿德勒式教養經典，教出自律、負責、合作的孩子，賦予孩子解決問題的能力》遠流出版，第 109-120 頁。

　　很多家長以為錯誤目的表要先從孩子的情緒與行為來判斷他的錯誤目的，其實情緒是雙向流動的，要先從家長的情緒來判斷。從家長的感受、反應、孩子的回應，就能

知道孩子行為背後的信念。一開始可能無法正確判斷，這也沒關係，因為第七項父母給予的正向回應都是增強與孩子的正向連結，並糾正孩子的不良行為。更重要的是父母知道孩子不是故意或是挑戰，而是因為沮喪與需要幫忙，所以更能柔軟以對，使用正向教養對待孩子。

錯誤目的表

孩子的目的	過度關注	爭奪權力	報復	自暴自棄
父母的感受	煩躁，惱怒，擔憂，愧疚	生氣，被挑戰，受威脅，挫敗	難過，失望，難以置信	失望，絕望，無助
父母的一般反應	提醒哄騙	爭執，讓步，想證明自己是對的	反擊投降	放棄幫孩子完成
孩子的回應	暫停一下，不久又繼續回復老樣子或是其他干擾行為	行為變本加厲雖然服從，但是很挑釁	反擊傷害	更退縮被動
孩子行為背後的信念	受到注意或是特別對待，我才覺得自己很重要只有你們繞著我轉，我才重要	當我說了算，我才有歸屬感你無法強迫我	我沒有歸屬感，所以我要傷害別人我不受歡迎或是喜愛	我沒有歸屬感，我要說服他人不要對我有期待我很無用又無能，反正我不可能做好，根本不需要嘗試
孩子心中的訊息密碼	注意我，讓我參與	讓我幫忙，給我選擇	我很難過，請重視我的感受	別放棄我，告訴我怎麼一步步進行
父母應積極並賦予孩子力量的回應	給孩子幫得上忙的任務忽略孩子行為，說你會怎麼做（例如：我很在意你，晚一點來陪你）相信孩子能夠處理自己的感受安排特別時光，建立日常慣例表家庭會議	承認你無法逼孩子做事，藉由請求他們協助，重新引導出正向力量提供有限的選擇從衝突中離開，冷靜下來養成互相尊重的習慣	承認孩子傷心的感受避免懲罰與反擊表現關心道歉，並修補關係鼓勵孩子的優點家庭會議	將任務拆解成一個個小步驟創造能成功的機會鼓勵任何積極的嘗試教導技巧並示範

圖片來源：《溫和且堅定的正向教養：姚以婷審定推薦，暢銷全球 40 年的阿德勒式教養經典，教出自律、負責、合作的孩子，賦予孩子解決問題的能力》遠流出版，第 109-120 頁。

　　兩到三歲的孩子不想吃飯，家長可以怎麼做？孩子在學校可以自己吃飯，回到家卻由婆婆餵飯，如果還是沒好好吃飯，家長會帶孩子上樓回房間吃。但孩子習慣一邊吃飯、一邊看電視，所以親子為了用餐規矩總是鬧得不愉快。走進孩子的冰山前，要先走進自己的冰山。根據圖片的步驟，依照錯誤目的表的順序：

一、父母的感受

二、父母的反應

三、孩子的回應

四、孩子背後的信念

　　看到自己感受是煩躁，依照步驟順序推測出孩子的錯誤目的是「爭奪權力」。像是，孩子會說「我不要長高，不用吃飯」，家長聽到就會急著說「不吃飯不行。怎麼可以不要長高呢？一定要吃飯才會長大！」孩子當然繼續堅持「不用長高也沒關係」。

　　這時，家長急著說明或是溝通，孩子們也會繼續回

嘴，而陷入無止境的鬥嘴。所以，家長從錯誤目的表中選擇的方式是他先離開去休息，換由共同學習正向教養的先生耐心地引導孩子吃完飯。

再來，家長不知道怎麼用溫和又堅定的語氣跟孩子說話。他傳給我一篇文章，提到如何引導孩子吃飯，內容表示「趕快吃飯，不然就沒有電視。」會引起孩子們的權力爭奪而不想去做，該篇文章建議「今天有什麼電視節目，趕快吃完飯！我們可以看一下電視喔。」

邀請家長一同來想想看，如果當你是個小孩，父母這樣說會有什麼想法？家長說：「完全只想要看電視，不想吃飯。」

所以，孩子乖乖吃飯的重點不是在於跟孩子講話的語氣或是態度，而是應該建立良好的用餐規矩，吃飯時不可看電視，需吃飽飯才能看。家長明白後，轉為練習建立吃飯的約定。

在資訊氾濫的教養焦慮年代，我看到三歲的香港小孩上電腦程式課程，幼稚園小班的孩子英文程度不輸國外長

大的小孩，使得我迷失在比較孩子學習表現。但是我觀察到上太多課程，孩子趕著上課、吃飯，造成家長的時間壓力和孩子沒辦法好好學習。如何保有孩子開心童年同時家長不比較，在我們家幼兒園自學半年時光找到解答。

由於先生工作的關係，孩子在學齡前搬了兩到三次家，因為轉學無法銜接心儀的學校，所以我規劃半年在家自學的時光。這半年，我安排了注音、數學學習與戶外活動。發生過我在腦海中有規劃，但是孩子不知道今日有出門計畫，或是我講過，孩子卻忘了，造成親子出門情緒衝突、趕時間，或者他們不願意出門等情形。

為了改善孩子約定好但不願意出門，我參考學校設計一個月的行事曆。具體的行事曆討論提供孩子們發表和參與合作機會，詢問他們這星期想出去幾天，在行事曆上寫下當週安排，雖然沒有每天學習才藝，偶爾在家看影片、看書和公園遊樂場玩。結束半年的自學，哥哥回到台北公幼的大班，弟弟則為中班上學。兩個孩子的學習表現與班上孩子差異不大，也較緩解我的育兒焦慮。

家庭行事曆

星期一	星期二	星期三	星期四	星期五	星期六	星期日

圖片來源：媽咪老師 Cindy 整理

家庭行事曆—幼兒園版

材料：大張紙、粗麥可筆

時間：吃飯時間／安靜時間

方式：邊講邊畫

　　拿一張約莫 A1 尺寸的紙（如有需要可以到書局選購），選擇用餐或安靜的時間，請孩子們過來，邊講邊畫這一週或是這個月會發生什麼事情、分別是誰的事情。

　　例如：固定週二要去上蒙式教室半天，我會畫上哥哥、弟弟與教室；哥哥週四偶爾要去學滑板，我會畫上哥哥與滑板；週末可能有家庭出遊計畫。把每日行程用筆寫或畫下來。

孩子的反應：

　　練習遵守約定。遇到孩子哭鬧說不要出門，等待他冷靜後（第一次練習需 20 至 30 分鐘），帶去家庭行事曆前，家長指著本來就約定好的計畫或是把想玩的玩具帶去車上等，可以引導孩子出門的各種有趣和彈性方式。父母堅持幾次原則後，孩子也能漸漸做到遵守事前約定。有了

事前約定，孩子們也會知道什麼時間點要做什麼事情，比較不會造成出門前的紛爭。我家孩子也會主動表示想減少活動，希望在家裡休息。

圖片來源：媽咪老師 Cindy 整理

家庭行事曆—小學版

材料：A4 紙、原子筆

時間：家庭會議

方式：邊講邊寫

　　開始接觸正向教養且哥哥上小學後，我稍微調整為減少使用圖像，改用注音和文字標註，紙張則縮小成 A4 紙，選在每週的家庭會議時間，跟他們說這一週預計會發生什麼事情，例如週三去爬山、週五下午要出去、週六回阿嬤家、週日外出吃早餐等詳細行程。

　　每學期初發的學校行事曆中，已知 11 月底期中考、1月中期末考，屆時可在當月寫上考試時間，孩子們也會清楚明白需要預先準備複習，事先安排緊急又重要的活動，能減少很多壓力。

　　家長不可能提醒孩子一輩子，下一步就是讓孩子當自己時間的主人，可以自行安排半日或是一日的時間，之後在第四章有更多的詳細說明。以上是我如何大部分一打二，能夠照顧好自己又照顧好兩個寶貝與家庭需求的方式之一。

育兒地圖

在孩子就讀台北公立小學低年級時，考卷分數又引發我的教養焦慮。明明國語考卷可以拿滿分，卻因為忘了句號和拼錯注音而考了 97 分。為此，我把孩子們叫客廳痛罵 30 分鐘。罵完孩子後，我反省教養焦慮的責罵並不會幫助孩子考滿分。

「正向教養家長講師國際認證工作坊」謝玉婷老師指出在教養焦慮的過程中，我們少了育兒的地圖，就像開車需要地圖，育兒也需要一個地圖導航。

我把目前遇到育兒的難題與未來目標，透過書寫清楚整理思緒。看到填寫完成的表格，才知道原來我目前遇到的問題是可以透過正向教養的「育兒地圖」培養孩子們未來能力。

圖片來源：媽咪老師 Cindy 整理

　　《跟阿德勒學正向教養：特殊需求兒童篇》共同作者－正向教養高級導師史蒂夫‧佛斯特（Steven Foster）老師在「正向教養學前教育講師國際認證工作坊」，要我們寫了育兒地圖並貼在看得到的地方。如同史蒂夫‧佛斯特老師所說，很神奇的事情就發生了！每當我遇到孩子不遵守約定、發脾氣的時候，我會去站在冰箱前察看育兒地圖中的未來品格能力，思考這次難題，我能教會孩子什麼？有什麼正向教養工具適合引導孩子？

　　無數次的練習後，我能夠把育兒地圖放在心裡，將遇到問題當作學習的機會，聚焦在培養孩子的品格。此外，正向教養符合 108 課綱教學目標：有自主溝通能力、思考能力。放下分數與英文焦慮，培養孩子的人際溝通、社交能力、情緒表達與解決問題能力。這些軟實力的養成是即使上再多才藝課也無法培養的。

育兒地圖

現在遇到的育兒挑戰	期望孩子未來具備的品格與能力
例如：不聽話 愛生氣	例如：獨立 有自信

圖片來源：《跟阿德勒學正向教養：教師篇：打造互助合作的教室，引導學生彼此尊重、勇於負責，學習成功人士所需的技能》大好出版，第 145-147 頁。

身體疲倦：減法生活 + 老公幫忙

不知道各位家長會不會覺得當媽後好像特別容易疲倦？

除了原本負責工作，又要忙寶寶的大小事，等於一個人要當二個人用。爆料公社有網友說：「如果老婆沒辦法像隋棠、小 S 生產完快速恢復身材，就要離婚。」

現代人對於媽媽的要求很高，要出得了廳堂、進得了廚房，還要上得了健身房，當媽媽的壓力越來越大。我本來認為透過縝密完美的計畫表，可以把育兒、煮飯、健身、斜槓工作做得很好，但其實是大量消耗能量，有一陣子非得靠三杯咖啡撐到晚上 12 點才做完預定進度。

因為學習「正向教養」與「正念瑜珈」，我放棄完美計畫，

進而接納自己是不完美的、時間是有限的！我把 80% 的精力放在目標，用 20% 時間放鬆，所以我做了三個改變：

一、減法生活

不該我的責任、我的事情，我就不做。

以前我會沉迷於群組社團，有媽咪熱心需要幫忙，我是最先跳出來找資料協助，曾有家長在群組詢問小孩發燒要看醫生、周日哪間有開？我熱心幫忙協助，但是對方連一句謝謝都沒有。回覆群組訊息花費大量時間與精力，於是漸漸退出家長群組與臉書社團，現在把時間留給需要的正向教養學員和親友。

二、增加親密時間

說了這麼多，其實前面都是我自己經歷過的痛點。遇到教養疲倦和心理疲倦時，會不知道結婚進入婚姻是為了什麼？

特別是當你專心照顧孩子，先生努力工作賺錢，兩個人沒有交集。你為了訓練孩子戒尿布，先生在一旁表示不用教，孩子以後會自動戒掉，雙方意見不一致，也瞬間點燃彼此的怒火。

夜深人靜時思考雙方期待孩子的出生，現在卻為了教養方式不一致而吵架，雙方共組家庭的意義還剩下些什麼呢？

我建議各位媽媽們要留點時間跟先生約會，培養感情，例如放心地把寶寶交給阿公、阿媽，邀請先生去看電影或是晚上一起吃宵夜，擁有單獨的相處時間，培養彼此的感情，聊聊最近的生活，這才是夫妻雙方共同為了一個家庭目標而努力。

三、開口請先生幫忙

生小孩是兩個人的事，可是多數照顧小孩的重擔全落到媽媽一個人身上，先生只要負責工作，其他的家務事、生活水電等大小事全包在媽媽身上。雖說為母則強，但母親也需要幫忙，然而我們舊有的慣性思考，卻將總說不出口的期待變成實質對先生的抱怨。先生並不想聽指責，久而久之使得夫妻關係呈現惡性循環。

正向教養的學前教育中有個「瓢蟲法」溝通，我延伸到夫妻溝通。太太平靜講出煩惱和具體希望幫忙的方式，讓先生能

知道需求並幫忙，夫妻關係也會大為加溫。

　　正向教養 Line 群組的媽媽們聽了我的建議「好好照顧自己」，出門放鬆擁有愉悅的心情。然而，拿出鑰匙打開家門的一瞬間，卻彷彿灰姑娘的鐘聲響起，美好的公主心情頓時全部消失無蹤。

　　因為先生只負責看顧孩子的安全，其他家事一樣都沒做！這表示，原本可以整理餐桌和廚房的時間，因為改成媽媽單獨外出活動，所有的家事得等媽媽回家後再處理。

　　原本被外出做指甲的放鬆，看到流理台堆滿髒兮兮的碗盤，頓時通通轉成火氣發飆，指責先生沒有整理家務！帶不好小孩！

　　我們應該看見內心深處的渴望。回到家會生氣，是因為期望先生能夠整理家務，但是先生卻沒做到，我們的期望沒被滿足和完成，所以容易被失落的情緒影響而爆發言語衝突。為了不被情緒影響，不妨先深呼吸，感受一下情緒從哪裡而來，我們的期望是什麼？希望先生怎麼做，再使用「瓢蟲法」溝通。

遇到衝突，我們通常會先怒罵對方，也有可能生悶氣。這些怒氣來自於我們的煩惱：家務事沒有人幫忙！

史蒂夫・佛斯特老師教導，溝通除了說出我們的煩惱（Bug），還要具體說出我們的希望，對方才能明白需求，進而協助或是改善。

例如跟先生說：「我出去運動，回來也累了，看到一堆碗盤會覺得無力，下次我出門，你可以幫忙洗嗎？」

瓢蟲法溝通句式

先深呼吸，感受現在的情緒是：＿＿＿＿＿＿＿＿。

跟另一半說出我的煩惱是：＿＿＿＿＿＿，我希望＿＿＿＿＿＿。

　　家長提問：「先生很容易破壞太太的教養原則，像是沒有遵守太太訂下的吃零食約定、很容易忽然對孩子大飆脾氣等。」

　　當我聽完後，只問一句：「先生是每次都沒有做到嗎？還是偶爾？」

　　太太的回答是：「不是每一次都沒做到，而是偶爾沒做到！」

　　我請太太回想，先生有做到他建議與溝通後的帶孩子行為，再帶著欣賞的角度去鼓勵先生。其實，不只是投訴的該名家長，我偶爾也會只看見另一半的不好，忘了欣賞他做得好的事情。所以我用「感謝式鼓勵」對先生說話，讓他發現自己也有做好的時候，會更願意聽進我的話，也更願意調整自己的步調。

　　我曾發生過一大早走入廚房，看到昨晚先生整理過的廚房，居然還擺著昨天煮的紅豆湯，滿滿擔心馬上從心中升起，煩惱紅豆湯放了一個晚上沒冷藏，可能會壞掉無法食用。

　　還好聞了一下發現沒壞，就順手把紅豆湯拿去冰箱。如果是以前的我，可能會這樣說：「你怎麼沒把紅豆湯拿去冰！壞掉怎麼辦？」、「你整理廚房不會順手把紅豆湯拿去冰？」

　　其實我們要的不多，只是希望先生洗碗時，可以順手拿去放好。我學習「正向教養」與「正念冥想」後，體悟了以溫和說明取代氣憤指責的三個方法：

• 一、先穩定自己

　　先深呼吸，感受自己的情緒：是擔心還是憤怒？又是來自於哪裡？沒有幫到忙還是擔心又要多花錢？（每個人感受不一樣）

• 二、情緒穩定再談

　　我明明沒那個意思，但情緒一上來就管不住嘴巴。這是很多人的困擾：習慣事情一定要當下解決或是溝通完。當我學習到正向教養的積極冷靜區，感受到當冷靜平穩時，能減少氣話與情緒溝通，更能直球對決把事情溝通好。

▪ 三、善用「我」開頭的句子

用你開頭的句子，都是帶著指責的語氣，像是「你怎麼都沒把紅豆湯拿去冰」、「你不會順手把紅豆湯拿去冰喔」等等。

沒有人喜歡被指著鼻子說話，我們溝通的目的是希望對方能順手拿去放好。使用感謝式＋「我」句式：「謝謝你整理廚房！我看到紅豆湯放在廚房、我幫你把紅豆湯拿去放了。」

先生會感受到妳的溫和與堅定，能更順利討論下次該順手把紅豆湯拿去放好的對話。

簡・尼爾森博士說：「先連結，再糾正。」我們總是希望對方改變，卻忘了先「連結」。連結可以是同理、欣賞或是鼓勵。

正向教養小工具

三歲以下孩子煩惱與願望（Bug and Wish）

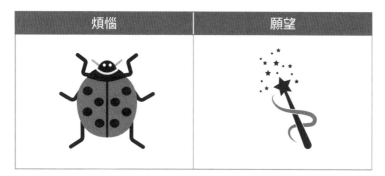

煩惱	願望

　　印出圖卡，家長親身示範說出孩子的煩惱是 _____，你的願望是 _____ 。

　　或是家長遇到問題時，應用圖卡跟孩子說明，我的煩惱是：我很沮喪，孩子們不好好寫作業，我的願望是孩子們能好好的坐下來寫作業。家長自己練習並帶領孩子多說幾次，三歲以下孩子也能使用圖卡說出自己的煩惱與願望。

　　當孩子具體說出期望時，也能讓家長明白孩子需要什麼，更能正向的溝通。

圖片來源：《跟阿德勒學正向教養：教師篇：打造互助合作的教室，引導學生彼此尊重、勇於負責，學習成功人士所需的技能》大好出版，第 145-147 頁。

財務疲倦：真的都是「需要」嗎？

媽媽的荷包很容易失守，總是忍不住在購物社團或是團購群組 +1、+1 一直跟單。看到親子部落客推薦、朋友家小孩穿搭或是什麼最新課程就會一直買，等到月底結帳時，才知道顧著喊 +1，沒計算到盲目購買的可觀金額。

大部分情侶結婚時，雙方並沒有討論過家庭財務支出。我家學齡前的課程與書籍費是由我跟先生共同支出，孩子們學校的學費則由先生支出。

支出孩子學齡前的音樂、體育課程或是買繪本，也是一筆不小的開支，再加上我瘋狂地 +1，看著銀行存摺的錢越來越少，我開始懷疑這樣是值得的嗎？

每當被先生問：「錢花到哪？」因為我沒有記帳，只能沉默聽著先生的提問而顯得很心虛與緊張，也因為價值觀不同導致不開心的討論。我自認為沒有亂花錢，都是買寶寶用品，但先生的看法是你怎麼都不知道錢花去哪裡。

哥哥在中班時跟我說：「想要買電話手錶，因為想跟同學一樣！」這才讓我意識到，孩子跟我都沒有分清楚想要跟需要的差別。

進而我開始帶孩子一起共學親子理財，從生活消費中分清楚什麼是需要和想要，我做了以下三個改變：

一、記帳

我不想繼續過著不知道錢都花在哪裡的生活，便開始使用計帳本與手機記帳。透過記帳找到我每天幾乎喝百元星巴克咖啡，每月會有 3,000 至 4,000 元的飲料支出，於是改以自己沖濾掛咖啡代替，保有相同生活品質又能省下咖啡錢。

二、先還清卡債

之前過著想花就花錢，沒錢就先刷卡的生活。別人看我是輕鬆富裕在過生活，殊不知我是過著背卡債、每個月只還最低金額的生活。馬哈老師（Money bar / i 玩錢網站創辦人）提醒：「卡債的利率比定存還高」，於是把卡債分三個月還清，過著以現金交易為主的生活。

三、看書

投資理財的書雖然都是中文，但一大堆專業術語，如 K 線、殖利率等，我完全看不懂！剛好一位好友知道我不懂理財的煩惱，推薦我《小狗錢錢與我的圓夢大作戰》，這是專門寫給青少年的小說，透過小女孩與小狗錢錢的故事，幫助我了解把管理金錢分解成小步驟與具體目標，更容易實現理財目標。我學習書中的成功日記，跟著小女孩一起成長與學習理財，為了目標而小步前進。

另一本《馬哈的親子理財 10 堂課》幫助我完成親子共讀與

建立理財觀念。很多家長都認為自己對理財都不怎麼擅長了，怎麼教孩子投資理財，但馬哈老師分享用零用錢就能引導孩子建立記帳與預算表的概念，清楚又簡單的學習單，不只能讓孩子建立良好的金錢觀，家長也能學習與修正自己的消費行為。

　　經由記帳抓出金錢漏洞，以替代方式與延宕滿足，調整自己亂花錢的消費習慣，帶孩子上超市購物時，也會一起比價與共同製作預算表，遇到孩子想買的零食或是玩具時，我也能堅定地說：「這個零食不在預算表內，這次沒辦法買，我們回家再討論採購預算。」學習理財的過程中，讓我從理財小白慢慢成為家庭的財務長。

採購預算表

　　各位家長可以使用採購預算表格，帶著孩子從採買中練習需要與想要。

採購預算表

採買預算金額：_____

採買內容	需要
	想要

圖片來源：媽咪老師 Cindy 整理

Chapter **2**

原子計畫使用說明書

大家只要有工具，紙、筆和手機都能做計畫，但不是每個人都能完成計畫表。我剛開始進行時間管理計畫時，做了運動、閱讀、工作……等多項類別目標，可是執行一週下來，不但成效有限，而且還不想追上沒做完的進度。

　　當我學習「正向教養」後，理解自己的生活風格帶著「安逸型」，喜歡待在舒適圈，想要達成目標需將大目標分解成小目標，設定一週完成一個小目標，一個月就能完成大目標。由於家長不只要管理好自身的時間，也要照顧孩子的需求和安排家務事，因此我整理了原子計畫的五個心法：認識自己的時間、視覺計畫表、視覺化帶來行動、善用科技、me time。

認識自己的時間

　　你寫計畫表的習慣，是不是預設目標後，重新規劃一個完美的全新計畫，把時間排好排滿？設計嶄新計畫表規劃可能像是：7 點起床、7 點 30 分出門。這與原本 8 點起來、9 點 30 分出門的生活落差太大，有長期落實的困難而無法實現。我學習「兒童理財」後得知，想要規劃財務和投資要先從記帳中找出財務漏洞修正。時間管理如同記帳，要先將平時習慣調整成容易進行和達成的目標。

　　低年級小學生的家長提問：「二年級的小強上半天課時，總是拖到晚餐時間才寫作業，我一邊煮晚餐一邊教導他不會寫的部分，沒辦法同時進行，不知道該怎麼做才好？」

　　我詢問家長：「煮晚餐跟孩子的作業，哪個比較重要？」

家長回：「是作業，因為他遇到不認識的國字或是還不太會拼的注音，馬上就來廚房問我，如果我能培養他先完成作業再詢問的習慣，如此一來，我在煮飯時，他也能在書房寫作業。」討論過程中，家長明白無法同時處理晚餐與教孩子作業，釐清事情優先順序後，他選擇改吃外食或簡單煮水餃，先專心陪伴孩子寫作業，等到孩子建立良好習慣，再把時間用來煮豐盛的晚餐。

時間減法

　　首先要區分時間的重要性與緊急性。

　　不只物品「斷捨離」，時間也需「斷捨離」。美國管理學家柯維（Stephen Covey）提出「時間四象限法則」，是指時間分成重要與緊急、重要與不緊急、不重要與緊急、不重要與不緊急。如何區分時間的重要與緊急要從兩個面向考慮：重要性與緊急性。

　　重要性是指如果沒去做就會拖累到工作進度，影響到生活日常。簡單來說，可以指工作上的大案子、目前生活中該做的前幾項事情。

時間四象限法則

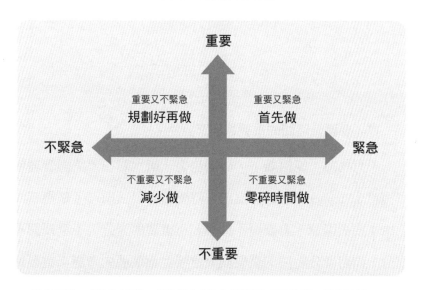

圖片來源：《與成功有約：高效能人士的七個習慣》天下出版，第 248 頁。

　　重要又緊急－首先做：屬於工作或是家庭中重要並有時間壓力需要趕快做，例如：本週一定要交工作的報告、準備小學生隔天校外教學的便當。

　　重要又不緊急－規劃好再做：對自身有幫助的事情，例如：冥想、運動。

不重要又緊急－零碎時間做：當天或是馬上一定要完成的瑣事，例如：掃地、洗衣服。

不重要又不緊急－減少做：對於自身成長沒有進步，也沒有時間限制，例如：追劇、玩遊戲。

緊急性是指目前最該做的事情。簡單來說，到了寶寶餵奶時間就不能再滑手機。如果日常生活同時有三件事，分別是寶寶該換尿布、煮飯與回覆聊天訊息。此時，最緊急的事情是寶寶該換尿布，因為不趕快換，寶寶可能會得尿布疹。飯可以稍晚再煮或是簡單煮水餃，聊天訊息也能晚一點回覆，家長可按照「時間四象限法則」分類事情的輕重緩急。

了解什麼是不完美才美。

「今日事今日畢」這句話讓我以前總是希望事情能在當天做完！可是，我沒考慮到「有限」的時間與精力，前幾年需要趕案子時，會在孩子睡著後，晚上 8 點喝杯美式咖啡，打開電腦繼續趕工未完成的事，當時沒睡飽又先聊天與追劇的惡性循環，導致身體累了卻需要堅持的狀態下，爆發出情緒性飲食，

甚至已安排的兒童牙醫門診，因為事情太多而忘了，導致看診前 30 分鐘才發現，只好趕快搭計程車趕過去，反而多花了車資。

學習兒童理財後，將「需要與想要」的觀念也放在時間管理，事先分類與規劃，將重要又緊急的事情先完成，這就是大家眼中的我：把大部分重要又緊急事情完成。但是大家沒看到更多的是沒時間聊天、追劇與做美甲。我放棄大部分不重要又不緊急的事情，但仍會在完成重要事情後回訊息與聊天，三個月去一次髮廊洗頭。在體力與專注力有限的狀態，做好能完成的事，雖然無法達到完美，但能欣賞努力完成的美好。

接受不完美，從錯誤中學習調整。

沒辦法達成目標，我會事後檢查計畫表，思考沒完成的事情，如何重新安排優先順序。例如，本來已在廚房準備煮飯，公司同事忽然臨時通知需要馬上趕案子，只好改為點外送，將煮飯時間留給工作。家長親身示範規劃好的行程遇到變動能夠彈性調整，孩子們自然也能從錯誤中學習調整時間管理。

想要終結混亂，就需要作戰計畫。

很多人把工作的時間應用管理得非常好！可是，生活大小事的時間安排卻是一團亂。

有家長請教：「不知道該如何分類自己的時間四象限？」

我請他寫下時間使用記錄，越詳細越好。我觀察到早晨 6 點到 8 點之間沒寫記錄，而是直接跳到 9 點做計畫內的事。

我問：「6 點到 8 點的具體活動是什麼？」

他說：「6 點到 8 點做了早餐、叫孩子起床、吃飯與趕著出門上學。」

回想多年前，我由家庭主婦重回職場上班的早晨，因為要進辦公室，不能沒化妝且穿睡衣短褲送孩子們出門。於是我約 6 點起床，忙著整理出門儀容、煮早餐，還要叫孩子起床並換校服等，常常直到出門前最後一刻，才記得要刷自己的牙！每天早上面臨爆氣與狂吼的情緒風暴，常導致我一整天心情都不好！

早晨親子行事曆

原本早晨 6:00-8:00 的行事曆	分類後的家長早晨計畫表	尚待優化的事項
準備早餐 叫孩子起床 叫孩子吃飯 準備出門	洗臉，刷牙 化妝 準備早餐 換衣服 整理自己該帶的東西 叫孩子起床 叫孩子吃飯 出門上學	預先準備家長自己出門衣服 簡化早餐準備 培養孩子自己起床 培養孩子自己吃飯 培養孩子自己整理書包
	分類後的小孩早晨計畫表	
	起床 吃飯 穿衣服 出門	

　　遇到問題是學習的機會。聽完簡・尼爾森博士的實體講座後，當中的「具體行事曆」把計畫表圖像化與「家庭會議」找出共同解決方案，引發我思考：「出門的時間規畫是誰的責任？」

　　一直希望孩子們早晨按照我的時間出門，卻沒教導他們每天該幾點出門、早上要完成什麼事情等。所以聽完講座後，我跟孩子們開會討論上學總是托拖拉拉的問題。一起坐下來思考早上出門「分工」與「優化」。

　　我寫了一張親子早晨計畫表：

　　媽媽：煮飯、化妝

　　孩子：起床、刷牙、換衣服

　　重點是優化自己時間流程。

　　首先是思考簡單化的早餐，例如：我一定要化妝、換上班衣服才能出門，可是煮飯會壓縮到我的打扮時間，因此調整成偶爾吃牛奶麥片、蒸饅頭或肉鬆加飯等簡單餐點，減少廚房時間挪來整理儀容時間。

　　其次，既然 6 點起床還是太趕，因此調整成 5 點半起床。

　　再來，為了要早起，所以要早睡。

　　培養孩子的責任感是基本要務。

一、開家庭會議：跟他們討論早晨行事曆，並畫成一個表格。藉著表格提醒他們該做的事情，把媽媽內心的出門準備流程，透過圖表訓練孩子們，改善只有我一人趕時間、催促的模式，將準時上學責任歸還給他們。

二、腦力激盪：親子共同思考如何讓早上的動作快一點。小學生想到「前一晚穿校服睡覺」減少挑選衣服，這個習慣持續保持到現在。

三、花時間訓練：從可以執行的一件小事開始，例如主動去吃早餐。當孩子完成該做的事，也別忘了欣賞與讚美他們做得好的部分。

剛開始嘗試時間分類與實踐，老實說，沒辦法完美完成目標！練習時間管理，就像孩子學騎腳踏車，會經過多次跌倒與嘗試才能抓到平衡。磨合期至少需要一個月，才會找到適合步調的計畫表。

家長K在「媽咪老師聯絡簿」臉書粉絲團提到他的經驗：「孩

子最後會變成做完想做的事後，已經沒時間做該做的事。」

　　關於先做想做、沒時間做該做的事情，也曾發生在我身上！

我要破解家長對於時間管理的迷失：

一、學會時間管理就會一直保持。

二、孩子不會遵守約定，所以要先做該做才能玩。

　　我曾發生過家庭行事曆寫著晚上要去桃園看棒球。

　　但小學生的規畫是「看棒球前，要完成四項作業、複習兩科。」一整天中，我有稍微提醒，但口氣有點不好，像是「等下你要做什麼？」、「等等我要出門，你會完成約定嗎？」

　　等我回到家，小學生還悠哉地看長篇小說，我也沒放在心上，直到準備出門看棒球前核對進度時，小學生才說：「功課我完成三項。」聽到這邊，我不禁怒道：「你不是說要完成四項，現在要去看棒球了！」

　　由於每日早晨冥想與正向教養的學習，我馬上察覺到自己生氣的情緒。生氣時，不能好好處理事情，所以我用了最愛的

正向教養工具之一「積極暫停」，我先冷靜並不處理讓人生氣的事情，按照計畫表進行，等大家情緒都恢復時，再討論該如何解決。

我對孩子說：「先收一收，準備出門，看完球賽回來再說。」大家可能會很困惑，沒完成該做的作業，還能去看棒球？不是應該不出門當作懲罰，讓孩子永遠記得教訓？

但我的處理方式是全家出門後，一路上都沒提到作業。等看完球賽後，我以溫和而堅定的方式提問：

「棒球好看嗎？」

「今天沒完成計畫，加上看棒球花了很多時間，你預計明天如何安排作業的時間？」

「我會在明天早上 10 點前，完成所有作業。」孩子確認隔日行程後，提出他的作業計畫。雖然孩子沒有完成約定，但仍有動力完成作業，即是我想要孩子學會接受不完美，從錯誤中學習調整。

媽咪老師 Cindy 經驗談

　　讀花蓮師院時，我學到「比馬龍效應」，相信孩子可以做到，他會感受到你的愛與支持，他也能做到。家長改變信念，相信孩子可以做到，能更用欣賞的角度鼓勵孩子每一個進步與改變，當孩子感受到關愛與欣賞，也能激發完成的力量！

　　說起來很美好，事實真的是這樣嗎？說真的，我不確定小學生會不會在 10 點前完成所有作業。

　　但只要他能早上起來主動到書桌前寫作業，就是他改變與執行遵守約定的努力。只是，我們都會放在結果：他並沒有完成。開始用指責的姿態罵孩子沒有完成！

　　時間管理不只是把工作與學校作業規畫得有條有理。坐下來思考，把日常管理當成工作管理，才能有井然有序開始美好的一天！所以，現在我能夠早上光鮮亮麗出門，也歸功於孩子們學會對自我負責。

視覺計畫表

　　全新的完美計畫，彷彿是對拖延症的人施魔法，只要一覺醒來，隔天馬上變成正向成長的行動派。

　　這可能嗎？魔法只存在故事裡。

　　你就是你，不會因為有完美計畫，就變身為另外一個人。

　　我的臉書粉絲團有位讀者愛琳留言提到：

　　「時間四象限的道理都懂，不過我的問題是那些不緊急不重要的事，就是喜歡做的事。」

　　大部分媽咪的精神糧食是追劇和回訊息聊天，這些不緊急不重要的事也是日常生活一部分。然而，如果想「調整」時間規劃，則需稍微限制使用時間，不然長期熬夜邊追劇邊吃東西，

反而會導致身體狀況走向不好的循環。

　　我為了減肥跟風做了減少進食的計畫，卻撐不到入睡，反而餓到狂吃兩罐品客、一桶冰淇淋和一大罐可樂。

　　我透過正向教養的工具「拆解成小步驟」，擺脫上述不良的循環。大部分的時間管理觀念「自律才能自由」，做完該做的事情，才能做想做的，這對於剛開始要設定習慣的人是一大挑戰。學習正向教養後，我第一步是認識自己的一天行程，先寫下日常流程，將事情按照緊急與重要性分類後，先認識自己與如何應用時間，才能依照自身的步調安排時間順序，從根本改善與調整。

　　計畫表透過簡單三步驟，就能夠善用時間。

一、安排一個舒服的時間，記錄自己的一天行程。

　　如果邀請你回想「每天在做什麼」，普遍的回答可能是「工作或是滑手機」。特別是睡前會花很多時間在手機上，我也是！所以，我記錄一天的時間後，才發現花許多時間在群組聊天或

是看影片。上述喜歡做的事情，對於該做的事情或是成長一點幫助也沒有。請你每天花 10 分鐘，思考與記錄一天做了什麼事情，時間使用沒有對錯，而是開始察覺時間使用上哪邊可以做得更好。

二、分類為重要或不重要

寫完一天發生的事情與花費時間，具體量化想做與該做的事情，才是改變與完成計畫的原因。當你觀察到花在不重要的時間上太多，可以稍微調整，並非說不能完全沒有，而是微調減少。像是喊著要一個星期減重五公斤一樣，需要超人般的強大毅力，如果目標設定為一星期減 0.5 公斤，會更願意嘗試，也更容易做到。

三、重新安排計畫

做計畫常遇到的問題是「按計畫表操課」，可是再完美的計畫也趕不上變化，導致不想去做，反成為沒有完成計畫的人，並覺得自己做不好。遇到問題又是學習的機會，把握每次遇到

的問題，花時間思考做不到的原因為何？該如何達到目標？透過每次的反思，培養「成長型思考」，不被問題所絆住，更能帶著勇氣去面對不完美。

時間	一天行程	重要又緊急－首先做
8：00		
9：00		
10：00		
11：00		
12：00		重要又不緊急－規劃好再做
13：00		
14：00		
15：00		
16：00		不重要又緊急－零碎時間做
17：00		
18：00		
19：00		
20：00		不重要又不緊急－減少做
21：00		
22：00		
23：00		
24：00		

大家都聽過「窮忙」，即為每天事情很多，可是都得等到截止日才完成，甚至無法完成。例如：瓦斯帳單到最後一天才繳費、網路購物忘了拿、工作報告最後一分鐘才繳交等。多數人做規劃是把時間排滿，設計一個完美的學習、工作計畫，就像是要求一個每天睡到中午的自由業工作者，忽然變成 6 點起床的晨型人，不但達不到目標，反而可能更退縮。所以，通過具體的記錄如何使用時間，並把事情按照「時間四象限法則」分類，重新檢視並調整成容易完成的計畫。不管計畫表寫得多麼完美，重點是需要持久的執行力。

家庭行事曆不只寫上小孩學校與活動行程，更要寫上家長可能外出、在家開會的活動記錄，這個小動作能讓孩子更清楚時間安排。2021 年，大家都減少出門盡量在家的暑假，我一個人帶兩個小學生，還進修「正向教養學前講師工作坊」，就是我將上課時間表先寫在家庭行事曆上。

當然，不一定每次都管用，2022 年 11 月某晚 8 點 30 分，有夥伴約我討論「童年回憶」。

　　我預計孩子們 8 點上床睡覺，沒想到當天作業量較大，加上回家較晚，所以到了 8 點，哥哥還在寫作業。我內心控制時間的警報響起：「他繼續寫下去會拖延到我的討論時間」，於是脫口而出：「我 8 點 30 分要討論，你要趕在 8 點 15 分前寫完跟整理垃圾！」

　　哥哥：「沒關係，我可以到客廳寫。」

　　我：「可是你在客廳會干擾到我。」

　　哥哥：「這次不會啦！」

　　我忽然察覺到親子之間對話是錯誤目的表的「權力爭奪」，所以默默走去喝水冷靜一下。與此同時想到 8 點 30 分是我給自己的時間壓力，如果今天沒有約線上討論，就會按照孩子的作業進度，並不會催促他在時間內完成。

　　釐清壓力與問題來源後，我跟哥哥說：「今天我整理垃圾，你慢慢寫喔！」

　　哥哥居然說：「我快寫完了！」

8 點 15 分，兄弟倆上床，他們也很貼心，知道晚上我有事，沒有吵著要我陪他們做睡前儀式「睡前 HOT」。

8 點 30 分我準時上線討論，孩子們則是乖乖睡覺。

家有青少年最常遇到的狀況，是孩子不願意跟家長說學校發生的事，因此我家有個專屬睡前儀式「睡前 HOT」，當孩子躺在床上準備入睡時，父母可以這樣做：

HUG：家長抱抱、摸摸孩子，給他肢體上的安全感。

ONLY：家長單獨跟一個孩子相處的時間，另一個孩子在自己床上等待。

TALK：聊聊家長今天發生的事情，也問問孩子在學校、與朋友相處的的事情。《愛之語：兩性溝通的雙贏策略》中的愛之語有五種語言，分別為：

一、禮物：透過送禮物來表達愛。

二、精心時刻：專屬於愛人的陪伴時間。

三、服務行動：為對方做事情，例如分擔家務等。

四、肯定言語：說出正向和肯定的話語給對方聽。

五、身體接觸：以實際的肢體碰觸傳達彼此的愛。

　　「睡前 HOT」包含了其中三種：精心時刻、肯定言語與身體接觸。透過每晚情感的交流，孩子願意分享學校的事情或是煩惱，家長可以使用「瓢蟲法」，幫助孩子說出煩惱與願望，更能協助他適應學校生活。

　　煩惱：＿＿＿＿＿

　　願望：＿＿＿＿＿

　　因為我運用正向教養的「積極冷靜」，先冷靜離開現場去喝水，與正念瑜珈的「察覺、接受、放下」，改變講話的語氣與態度，從催促不耐煩到溫和又體諒，使得孩子關上情緒開關，也能以穩定方式回應我，成功化解本來會發生的唇槍舌戰。

　　粉專收到大部分家長訊息內容的開頭便劈哩啪啦指責孩子的情緒管理不好、不好好表達、只會用哭的。這正是教導孩子情緒教育的最好時機，下次，你也想獅子大怒吼的時候，先試

試去喝水、到廚房洗手或是離開現場，思考倒底在氣什麼，或許也能像我避免很多火山爆發的場面！

「知道，但沒有行動力。」需要一個視覺化的目標協助。我按照史蒂夫·佛斯特老師的建議把育兒地圖寫下來、貼起來與行動起來。每當我遇到育兒狀況題，都會在冰箱前審視我的育兒地圖，並思考這件問題能教會孩子什麼？我又該用什麼正向教養的方式？

一、寫下來

大腦是不可靠的！光憑記憶想完成自己的目標是不可能的！我的做法是寫下來，一次不用太多，微小的目標慢慢累積下來，一年會比一年更好。現在就開始按照表格寫出目標。

二、貼起來

有了目標，還需要貼起來，時時刻刻提醒自己。因為大腦有惰性，人也習慣輕鬆，唯有時時提醒自己，才會有行動力。

三、行動起來

　　我們都聽過龜兔賽跑的故事，剛開始的衝勁不可靠，只有一步步前進，才能穩健地抵達終點。當寫下來與貼起來，每天看著目標，才能提醒自己該行動起來去完成目標。即使只有微小的改變，一個月、半年，也會比之前更進步。只有開始行動，才是改變的開始！

時間管理小故事

出門三件事

　　上學前拖拖拉拉？公立小學最晚到校是 7 點 50 分，並吃完早餐，對於習慣 8 點 30 分至 9 點上幼兒園的小學新生來說，是一大挑戰。我有過到了該出門上學時間，但孩子們卻沒整理好書包、沒穿好班服、找不到襪子。

　　我整理了「出門三件事」，協助各位家長與小學生更能準時上學。

一、降低標準

上學準備其實比想像還更多事情，包含刷牙、穿校服、整理書包、穿襪子等。我們先找出最需要完成的三件事情，降低標準，設定小目標，讓小學生更容易達成，也更願意去做。

二、共同約定

出門到底是誰的責任？家長可以找個週末跟孩子好好坐下來討論「出門三件事」，意即出門該做到哪三件事情，當孩子自己提出來的建議被接納，會更願意做出改變。

三、具體圖表

各位家長有沒有講過千百次，但孩子們通通不記得的經驗？因此我習慣寫下來記錄。對於幼兒，圖表更能幫助他們記住，就像幼兒園使用很多圖表與圖像幫助孩子們學習與記憶。

溫馨提醒：首次嘗試不一定會完美成功，請多多相信孩子與自己。

執行遵守約定的努力。只是，我們都會放在結果：他並

沒有完成。開始用指責的姿態罵孩子沒有完成！

　　時間管理不只是把工作與學校作業規畫得有條有理。坐下來思考，把日常管理當成工作管理，才能有井然有序開始美好的一天！

出門三件事

1	2	3

圖片來源：媽咪老師 Cindy 整理

具體表格

美國心理學家布魯納（Jerome S. Bruner）的認知學習理論中的「動作表徵期」，認為 3 歲以下幼兒常用的學習方式是用動作：抓、嚼與握來了解周圍的世界。因此，學齡前兒童如果只聽家長口頭說明，常常是左耳進、右耳出，沒有辦法印象深刻，需要視覺化圖表與直接經驗協助幼兒的思考。

網路上有許多設計精美的表格，剛開始用具體表格，請選擇簡單易懂的表格。或是家長拿起白紙邊畫邊告訴孩子，也是一種方式。

善用科技：家庭必備三寶

很多媽媽沒有時間，是因為花很多時間做家事：洗不完的奶瓶、掃不完的地、曬不完的衣服。特別是如果先生沒幫忙，媽咪需在育兒空檔抓緊時間做家事，沒有休息時間，心情不好的狀態下就無法執行正向教養。

我在十二年主婦生涯中，因家事繁忙而無法對先生與孩子溫和又堅定。反而是先生提醒：「煮飯是為了孩子好，可是煮完妳都不開心，不如不要煮！」點醒我照顧孩子的先後順序，雖然心疼孩子吃外送餐點可能會吃到塑化劑、味精、重口味等，但我煮飯後需洗碗，減少了與孩子相處時間，降低親子親密時光，所以先生購入洗碗機、掃地機，雖然沒有人工清掃方便，但大致上可以減少一定的負擔，後來，孩子們大了，便培養他

們一起做家事，為家庭事務盡一份心力。

我認為家庭三機有其階段性和必要性。

一、洗碗機：

每天煮飯，光是備料、切菜就花費許多時間，但是飯後大家吃水果、看書時，媽媽仍然不得閒，需洗鍋碗瓢盆，整理完廚房便沒有精力陪小孩念書與玩玩具。因此，不妨購入小型洗碗機，不需內嵌，只要放在流理臺，裝好水管就能使用，也能培養小孩用餐後自行稍微沖洗碗盤再放入洗碗機的習慣。

二、掃地機：

我家在孩子上小學後才購入掃地機器人，所以交給孩子管理掃地機器人。他們發現地上太多樂高積木，不方便掃地機器人運作，還是每週打掃不同區域維持整潔。週末時，我會使用掃把清潔一遍地板，請孩子一起打掃廁所，共同維持家庭整齊。

三、烘衣機：

我家有烘衣機，但平日較少使用。我慢慢放手，讓孩子們

洗、曬、收拾自己的衣服。我從小訓練他們，當我收衣服時，孩子就在旁邊玩襪子配對遊戲，學會摺衣服，曬衣服的地方不夠高，就放適合高度的小椅子，讓他們方便曬衣服，按照正向教養拆解成小步驟，不需一次曬完所有衣物，可曬五件後休息10 分鐘，分批曬完。比起一次要曬很多件而不願意做，不如分成好幾次，孩子們更願意曬衣服，也帶來滿滿成就感。

　　有朋友說：「只要把衣服放進烘衣機，皆大歡喜。」少了一道工序，也多了親子時光，所以按照自身家庭的模式的時間、金錢預算安排，每個家庭都有各自的樣貌，找到適合自身家庭的模式最重要。像我是兩者並行，讓孩子試著使用掃地機器人，當發現不太順手，還得尋找掃地機器人跑去哪裡，他們寧可自己拿掃把掃地。

　　至於煮飯，各位媽媽很煩惱的是晚餐煮什麼，煮飯比想像中需要更多前置工作，先到超市買菜、洗菜、備料與煮飯。由於我不擅長烹飪，常常需要花比別人多一倍時間在廚房，有時候忙了一下午準備晚餐，孩子卻不願意吃，反而造成親子關係

惡化。於是我在「家庭會議」討論每日晚餐，讓孩子參與週一到週五的菜單，降低孩子吃到不喜歡的菜而生氣、我也不開心的機率。我也因為事先知道每天的餐點內容，減少煩惱如何採買的困擾。

正向教養小工具

　　煮飯被嫌棄而生氣？請先讀懂自己的愛之語。有天帶孩子從娘家回台北，晚餐一度想點外送，但是，一想到飲食均衡健康，還是乖乖穿起圍裙走進廚房。邊煮邊想，如果孩子等一下說不想吃，我會不會難過？又想到《愛之語》提到「愛的五種語言」。

一、禮物：透過送禮物來表達愛。

二、精心時刻：專屬於愛人的陪伴時間。

三、服務行動：為對方做事情，如幫忙分擔家務等。

四、肯定言語：說出正向和肯定的話語給對方聽。

五、身體接觸：以實際的肢體碰觸傳達彼此的愛。

　　假設孩子未肯定我煮的晚餐，是我沒有接受到愛而生氣。這不代表他不愛我，只是我煮飯這件事情，沒有感受到他的愛而已。我可以透過「煩惱與願望」來表達自己，我因為擔心家人身體健康，所以進廚房做晚餐，我希望孩子能對我表達感謝。原本因為溝通不良造成親子雙方的情緒風暴，若家長事前讀懂愛的語言，就能預防暴風來臨，更能表達愛與接受到愛。

　　家事是媽媽的責任還是全家人的責任？透過正向教養的家庭會議共同討論家事分配，讓孩子學會負責任，爸爸也會分擔家事。當孩子們上線上課程後，有些學校將「家事」變成功課。仔細想想，家事是功課嗎？還是孩子們應該共同承擔的義務呢？

　　可以趁著週末開家庭會議時，一起討論全家人的家事該如何分配，誰適合洗碗？誰適合洗衣服？共同討論與分配，寫下來並執行一星期後，在家庭會議討論哪邊需要調整或是交換工作。分擔家務，讓孩子們學習到負責與歸屬感，先生也會知道家務是共同合作的事情，這時就能巧妙

運用之前提到的掃地機、洗碗機、烘衣機等家電三機。把寶貴的時間留給最珍愛的家人，教導孩子使用家電三機，最重要是記得自己負責的事項。

家事分配表

家事	爸爸	媽媽	老大	老二
洗碗				
掃地				
洗衣服				
曬衣服				
掃廁所				
丟廁所垃圾				
丟廚房垃圾				

圖片來源：媽咪老師 Cindy 整理

正向教養小工具

和解的 3R 原則

有天早上準備送孩子出門，我順手收了廁所垃圾打算拿去丟，弟弟主動伸手想幫忙，當下我卻擔心他拿髒垃圾，卻又期待他能收拾他們廁所的垃圾。我自以為幽默的說：「你是垃圾股長，你是垃圾。」（開玩笑的口氣）

哥哥聽到後，也跟著說：「垃圾！」

我知道開錯玩笑，而且非常傷人，於是先制止哥哥不可以這樣說，並馬上跟弟弟道歉。先生在旁邊沉默不語，處理完，便急著送他們出門。

送完孩子的回家路上，先生說：「妳有時候就是不經大腦說話，剛剛的話很不適合！」我安安靜靜的聽著，思考我自以為幽默的傷害。

接孩子下課時，我再次向他真誠道歉，並詢問他當時的感受。

他說：「很難過。」

我問：「如何可以讓你舒服一點？」

他馬上說：「抱抱！」

我立刻伸出手攬住他，抱著孩子時不禁暗忖：「孩子是世界上最寬宏大量的人。」

我也告訴哥哥：「我做了不好的身教，請你想想該做什麼？」

哥哥也跟弟弟道了歉。

我開玩笑傷害孩子這件事情，做得不好，我勇於承擔並使用正向教養的修復。簡·尼爾森博士說：「犯錯是最好的學習機會。」在正向教養課程中，我教授正向教養知識，但在現實生活中，我是不完美的媽咪，我應該深呼吸後，欣賞孩子主動丟垃圾的心，對他表達感謝，再花時間訓練孩子丟垃圾。

媽媽是孩子最初的老師，同時孩子也是我的老師，謝謝你教會我勇於承擔、道歉與解決問題。

和解的 3R 原則

一、承認（Recognize）：家長向孩子坦然承認自己的錯誤，而不是羞愧和後悔。

二、和解（Reconcile）：透過真誠的道歉來和解。

三、解決（Resolve）：親子共同討論可以實行的解決方案。

媽咪老師 Cindy 經驗談

　　有媽媽表示，昨天早上雖然照原本計畫進行，但小孩依然拖到 8 點才要出門，所以請爸爸先開車離開，媽媽帶孩子搭公車。

　　媽媽跟孩子説：「爸爸跟我都準時準備好，但因為你動作太慢，8 點出門雖然不會遲到，但爸爸會遲到，不應該由爸爸來承擔遲到的後果。」

　　「雖然我可以自己開車出門，但回家很難找到停車位，得多花很多時間排隊，而且我要幫你摘餵毛毛蟲的葉子，那邊很難停車。」

　　「我們讓爸爸準時上班，我跟你搭公車到學校。」

　　孩子認命地搭公車，最後果然遲到。媽媽也因為晚回家，來不及上烏克麗麗課程，因此請假在家自主練習，雖

然沒上到課，但自己練習有不一樣的感覺，心情也很好。

隔天早上，小孩 7 點 45 分就準備好出門，很開心自己能在 8 點前到校，也不會被媽媽罵。

媽媽調整好自己的狀況，就能清楚思考很多事，也做了兩個調整：

• 一、後果該由誰來承擔？

一直擔心孩子上學遲到，但國小三年級也應該自己去面對了。之前不想這麼做，是因為媽媽不想趕得太狼狽。最近天氣不錯，搭公車上學不至於太過狼狽，媽媽還承擔得起。

• 二、需要不需要？

學習烏克麗麗課程有一半原因是為了孩子，一半是自己有興趣，但有時候將自己逼太緊，並未享受到課程的感覺，請假雖然心有愧疚，但改用其他方式讓自己持續練習，感覺也蠻好的。其實之前好幾次想讓孩子遲到，但老師沒什麼處罰，心裡總是感覺好像達不到教訓的效果。仔細省察內心，真正原因是因為自己也不想這麼累。

　　但回到媽媽本身狀態要好，才能冷靜思考。有時候被逼到完全抽不出時間思考時，就找專業老師協助。

　　以這個家長為例，很多人都知道時間管理的重要性，所以一定要做好完美的計畫表，我以前也習慣將時間排得滿滿，才認為個人充滿「價值」與「成功」。

　　其實，時間塞滿沒有「留白時間」，會導致心情處在緊張、活在完成的壓力下。《正向教養》指出人在有壓力的狀態下，容易表現出個人特質的缺點：容易逃避、過度付出表現出不滿或是過度重視細節等。

　　簡單來說，家長想要溫和堅定的引導孩子穿鞋、穿襪子的出門準備，因為承受趕著上學的時間壓力，情急之下使用「你最不希望的傳統教養方式」，例如吼叫、怒罵與威脅等，導致每天晚上躺在床上反思，明明想好好講話，卻活成自己討厭的母親模樣，跳脫不出舊有教養模式而懊惱與自責。而旁邊熟睡的另一半卻不明白我們的育兒無助，沮喪和挫折只能透過眼淚一點一滴的釋放。

　　做了計畫總是沒完成？做好完美的計畫表，不如先建立接受不完美的心態。

十二年的育兒過程只要卡關，我總是不斷看書與教養文章，最後在正向教養陪伴下，認識自身的生命風格，學習接納不完美的自己。當我開始示範不完美，孩子也能培養挫折忍受度，先生也開始學習正向教養，找回家庭成長的動力。

　　我以前會執著孩子不吃青菜、還戒不掉包尿布等重複單一困擾，然而，以長遠宏觀角度看待孩子的發展，當他上了幼兒園或小學，在老師與同學的陪伴下，包尿布與自己吃飯早已不是問題。家長心態放鬆，更能使用正向教養。

　　又或是遇到孩子頂嘴，我會覺得他是故意唱反調。直到明白「錯誤目的表」，我知道孩子是需要尊重，自然能夠放軟姿態執行正向教養。

　　家長經常提問，孩子疊不到喜歡的積木高度而發脾氣，家長不妨先想想自己內在的童心，同理他的正常情緒反應，並邀請他一起想辦法解決。

　　教養除了單打獨鬥以外，很需要另一半的支持與協助，所以媽媽需要讀懂自己、另一半（其他大人）與小孩的心意。

讀懂孩子真正想法，理解孩子正常發展情況，與讀懂錯誤行為背後目的，才可以真正落實不發脾氣和好好講話。

　　陪伴孩子，也陪伴自己。家長想溫和跟孩子說話，但看到他撒野哭鬧，家長內心直覺會想使用怒吼或是直接賞巴掌，這是傳統教育烙在骨子裡的印記。我們要先跟自己和解、鼓勵自己，看見自己終結體罰教育的努力與奮鬥，是為了不讓孩子承受大人過去曾體驗的糟糕情緒，才能讓愛發自內心流動傳達給孩子，共同為了原子計畫的目標而努力。

Chapter 3

原子計畫執行守則

傳統教育教導「要先做完該做的事，再做想做的事」。然而《順著大腦習性，懶人也有高績效》作者，日本腦神經科學家菅原道仁告訴我們：「其實大腦天生愛偷懶，它的工作就是拒絕工作。」根據研究，人腦消耗的熱量高達身體每日所需20%，因此，它天生就會自動開啟「省電模式」，不但害你做事拖拉，恆毅力、專注力也隨之下降。

　　計畫表如果違背大腦愛偷懶的原則，同時在社交媒體上看到他人的努力和達成目標，所造成的「網路焦慮」導致更多壓力，以致無法達成期望的目標。我寫這本書也是想告訴家長只要在時間內完成，「想做跟該做」順序即使顛倒，但符合自身的生活型態更容易執行。

　　家長與孩子的親子衝突，先做該做再做想做？

　　我家哥哥剛上小一時，我期望他放學回家先洗澡、寫作業，把該做的事情先完成，等我煮好飯，他也寫了一半作業，吃完飯，我收拾餐桌，就是愉快的親子閱讀陪伴時光。但沒考慮到

他上了一整天的課，回到家想先玩與休息，我和他的期望落差，導致親子為了該做與想做而有言語上的衝突。

2019 年在簡‧尼爾森博士的公開講座，我學習到尊重孩子、相信他的能力與共同討論行事曆。我便跟孩子討論回到家的計畫，商量各自對於作業的想法與重新安排。

有次，哥哥說：「週末的作業要週日才寫，週五與週六要好好放鬆。」我雖然擔心但仍抱著相信孩子會做到，於是尊重他的決定，不似以往急著催促，這次我沒有不耐煩口氣，因為知道他把寫作業安排在週日，並以放鬆的心態陪讀與陪玩，直到週日下午 4 點，哥哥驚覺隔天是週一上學日，才動筆寫作業。週末共有五到六項作業，他無法一次專心寫完，邊玩邊寫到 12 點才完成。

有了這次經驗，隔週問他：「週末作業怎麼安排？」

他立刻回答：「週六會先寫一些，不要拖到週日才寫！」

執行四年的計畫表後，我家兩位男孩「大部分」都能按照

計畫表完成該做與想做的事情，因此透過原子計畫將目標視覺化與具體記錄，更能夠完成該做與想做的時間管理計畫。

至於原子計畫的步驟，接下來會針對各步驟一一說明：

一、記錄時間使用表

二、檢視時間使用

三、設定原子計畫

四、執行原子計畫

五、優化原子計畫

原子計畫的步驟

步驟一	步驟二	步驟三	步驟四	步驟五
記錄時間使用表	檢視時間使用	設定原子計畫	執行原子計畫	優化原子計畫

圖片來源：媽咪老師 Cindy 整理

記錄時間使用表

　　你會翻開這本書的原因是你想改變，但不知道如何改變！看著各種心靈雞湯書籍，希望幫雜亂生活整理出先後順序，然而並沒有一本書專門針對兼顧家庭與工作的職業婦女，或是全職家庭主婦，因此越看越沮喪，不是你的問題。

　　沒有小孩前，我也不理解媽媽在忙什麼，成為全職媽媽後，我才明白媽媽的一天圍繞著家庭大小事，即使沒忙什麼事，一天也就這樣過了。

　　沒有幫手的上班族媽媽，一早起來準備早餐、趕著送小孩出門與上班、下班後順便到超市買菜、擔心孩子肚子餓，趕緊到廚房煮飯，同時催促孩子洗澡、寫作業，直到小孩睡覺後，才開始做點家務事。

全職媽媽送完小孩後，繞到菜市場買菜，回到家趕快收拾早餐的碗盤並打掃，中午一個人吃飯配幾集韓劇，下午預備晚餐、洗衣服，接孩子下課後，又忙著煮飯，一邊督促他們去洗澡、寫作業或接送補習，等到孩子睡覺後，將水槽中的鍋碗清洗乾淨，還得收拾廚房與其他家務事。

　　家庭組成為爸爸、媽媽與孩子，即使是二十一世紀，由於傳統家庭分工「男主外，女主內」，大部分的家庭事務都是媽媽一人肩負全家的時間管理，所以媽媽的時間非常寶貴，要先記錄時間、分類「時間四象限」，進而規劃媽媽自己人生目標的原子計畫。

　　多數人寫計畫表沒考慮到原來的作息，「了解自己原本的作息並優化」是我找出最適合家長和孩子的事前準備，以前每次安排計畫時，總是希望每個事情都能做，沒考慮到時間與精力是有限的「資源」，常常孩子晚上8點睡覺後，喝杯美式咖啡繼續未完成的事項，如此時間安排不僅消耗體力，也讓大腦過度工作，效率未如想像中好，因此，先記錄自己的使用時間，

微調成適合自身的計畫表,現在讓我們一起先記錄三到七天的
行事曆。

時間計畫表

日期 時間	星期一	星期二	星期三	星期四	星期五	星期六	星期日
8：00							
9：00							
10：00							
11：00							
12：00							
13：00							
14：00							
15：00							
16：00							
17：00							
18：00							
19：00							
20：00							
21：00							
22：00							
23：00							
24：00							

圖片來源:媽咪老師 Cindy 整理

時間管理課程中歸納出家長最常提出兩大問題為「沒辦法記得」和「沒時間記錄」。

　　先前提到希望優化早晨的家長，只記得早上6到8點都在忙小孩與出門的準備，這很正常，我也經歷過。鼓勵大家先寫下大方向，像是陪小孩、煮飯與做家事，等有時間再回想細節。開始記錄便是好的開始，也會慢慢養成習慣。

　　大部分家長的計畫是等晚上11點孩子睡覺後，才預計洗碗、洗衣服，因為剛陪完小孩，想躺在沙發放鬆再去做該做的事情，當以手機回覆訊息或看社群媒體時，很容易發生原本想在網購平台買單件商品，卻為了湊免運費，所以花了一小時逛購物網站才去做家事，因而延誤睡眠時間。

　　當我嘗試記錄晚上使用時間後，發現太容易因疲倦先躺在床上滑手機，而不想寫文章；又因為滑手機不知不覺延誤睡覺時間，造成隔天無法早起。我轉而限定睡前使用手機時間為一小時，調整作息睡飽，讓我更能專注與創作文章。

　　需哄小孩睡覺的家長，最常提出這樣的問題：「我陪睡都直接睡到早上，中間不會醒來記錄，可以怎麼做？」

　　本書提供的方式是紙本，習慣電子化的家長可使用手機的筆記本功能，按照時間記錄，若沒有原子小書時，先拿一張紙記錄拍照，記錄的重點是整理與發覺時間花在哪裡。

　　我們教孩子寫考前的評量，並不會一直猛寫卻不核對答案與討論。時間記錄亦是如此，先寫下使用習慣，再花 5 分鐘反思需調整的地方。

　　除了傳統紙本，我也會使用手機中的 Google 日曆，可以設定多久前提醒，方便隨時記錄，更能與先生共用行事曆。先生約朋友聚會前，也會先看一下行事曆，不會因時間衝突而吵架。大家可以在 App Store 或 Google Play 選擇適合與喜歡的手機記錄 App。

檢視時間使用

你應該先找出時間小偷。

記錄行事曆後，整理出自己的專注時間與零碎時間。以我自己為例，零碎時間為煮飯或是走路接小孩。重新規劃將Podcast 學習時間放在零碎時間上，專注的時間又該如何延長？放下手機，設定專注時間或提早起床把想做的事情完成？找出時間小偷後，不是想著為什麼做不好，而是遇到問題後，找出改善使用時間的適合方式。

以媽媽生活來舉例：

重要又緊急：工作

緊急但不重要：下個月事項

重要又不緊急：掃地、洗衣服

不重要又不緊急：聊天。

　　現在花點時間寫下，並將時間使用分類，找出花在時間四象限的時間。

重要又緊急 首先做	重要又不緊急 規劃好再做	不重要又緊急 零碎時間做	不重要又不緊急 減少做

圖片來源：媽咪老師 Cindy 整理

　　時間管理課程學員有提問：「不清楚怎麼分類時間四象限？」例如媽媽早上出門準備，需要在廚房做早餐、叫孩子起床、自己出門前準備等大小事，每件事都是緊急又重要。

　　既然每件事情都很重要，更需要排出時間順序。

　　像我希望早點送孩子上學，為了在他們上學準備時間能爭

取多點時間整理早晨使用的廚房與家務。我記錄早上使用時間後，找到「時間小偷」，就是準備早餐花太多時間，如果要煎三份蔥抓餅加蛋，每一份需花五分鐘完才能成，所以做早餐就需 15 分鐘。

有家長提出不同的想法：「邊煮早餐也可以邊聽 Podcast。」長庚紀念醫院神經內科主治醫師徐文俊曾指出，過度忙碌會造成注意力無法集中，間接造成記憶力變差。

如果是週末悠閒的準備餐點，我會邊聽 Podcast。但在趕著出門的早上，減少分心與花時間的行為，更能達成早點送小孩上學與上班的目標。考慮方便性與時間後，我將早餐調整成固定方便的菜單：

週一：牛奶＋麥片

週二：包子

週三：吐司

週四：蛋餅

週五：牛奶＋麥片

本週菜單

星期一	星期二	星期三	星期四	星期五
牛奶＋麥片	包子	吐司	蛋餅	牛奶＋麥片

圖片繪製：弟弟「胡弟」

　　平常上學日的早餐比較簡便，週末則會煮得較豐盛，或是外帶早餐店的餐點。當孩子們還小時，為了讓孩子吃得健康又營養，我付出許多無形的「時間成本」在買菜和下廚。

　　現在我學習彈性與照顧自己，早餐簡單快速而晚餐均衡飲食。也由於我家孩子目前已小學中、高年級，他們早上會到冰箱拿牛奶跟麥片，可以在麵包上抹果醬。節省了準備早餐的 15 分鐘，我就能好好上廁所並整理儀容。

家長除了要安排個人時間管理，更要協助孩子的時間管理。如何減少不重要的事情，增加完成重要的事情，需要記錄時間，找到可以改善的時間使用，先完成重要又緊急「工作」，預先安排重要又不緊急「掃地，洗衣服」等家務事，將計畫表貼在醒目地方，例如手機螢幕、書桌或冰箱，透過視覺化的提醒更容易達成目標。

　　我一直知道自己有個很大的缺點，即把網路生活經營得太好。大家見到我會說：「你臉書粉專經營得很好！跟很多厲害老師合作。」認為我對任何事情都駕輕就熟，輕輕鬆鬆完成育兒與該做的事。

　　當他們聽到我真實生活是兼職的行政工作、擔任學校義工，孩子們小學生活是上三天全天課、兩天半天課，作業、家教接送和興趣學習都由我安排與教導，朋友們都很驚訝我是如何在有限時間內完成看似不重要又繁複的工作。

　　其實是先了解個人喜歡提前規畫，將事情分解成最小的任務，每天五分鐘的小任務，累積成一週的完成並回顧調整使用

時間，持續不斷的改善使用時間習慣，更可以平衡自己與孩子的時間安排。

找出我的時間小偷是接送孩子上下學和煮飯等家務零碎時間。於是在走路、接小孩的過程中靠著手機「語音輸入」寫下靈感，累積文章草稿，趁著孩子睡後或早起時整理思緒，設定專注時間重新編輯累積的草稿，高效書寫文章。

家務事則是安排優先順序，完成每日早晨冥想後，先安排洗衣服再去準備早餐。等送完孩子後，就可以直接曬衣服。

我不太會煮飯，但懂得善用工具和記錄。像是花椰菜，我知道切成 10 公分大小，放入電鍋蒸 8 分鐘、再燜 3 分鐘，撒上鹽，就是孩子搶著吃的清蒸花椰菜。

每週會舉行「家庭會議」，事先與孩子們討論週一到週五的晚餐，例如週一是義大利麵，週二、週三是外食，週四吃飯，週五吃湯麵。事先跟孩子們溝通，可以減少孩子不愛吃，讓我覺得不受尊重的事件。

2023 年 1 月，《怦然心動的人生整理魔法》作者近藤麻理惠向《華盛頓郵報》表示，她以前是整理專家，總是盡全力讓家裡保持整潔，但陸續迎來三個孩子後，她承認有點放棄整理了，原因是「我現在發現享受和孩子們在家的時光才是最重要的事」，這點呼應了我帶領孩子做家事的理由，「家事是媽媽的事，還是全家人的事？」

我的成長過程是只需好好念書、其他家務事都不用管的傳統教育。直到大學在外租雅房，室友尷尬地提醒每週要輪流刷馬桶，才知道原來廁所需要清理！我不希望孩子跟我一樣不會做家事，當孩子還在學步時，偶爾就會讓他自己丟尿布、玩完的玩具要收好。等他們約莫三歲時，對洗米有興趣，我也會放手讓他們幫忙。

孩子大班時，會幫忙拿碗筷到餐桌，雖然有時候會打破碗，我仍會讓他們再嘗試。職能老師提醒孩子的手還沒發育完成，所以不是故意打破，至於不小心打破的碗，會請孩子們一起小心收拾，順便培養他們學習打掃，不用上小學還需要老師教導

「抹布課」。

不知道大家有沒有玩過「寶可夢卡牌」？寶可夢有不同的屬性，根據對手出的卡牌，我們要隨時調整選擇適合對戰的寶可夢。同樣的道理，面對不同的家事，不應該因為年紀長幼而決定負責事項，而是應依照孩子的特質，安排適合的家事。求快的孩子適合掃地、收衣服和丟垃圾；細心的孩子適合洗碗與洗衣服；我負責採買、煮飯與善後。經過一至二個月後，大家會共同整理，家事不再只是媽媽的事，而是全家人的事。

你們羨慕我的生活，但是我一點都不羨慕自己。每天都在育兒、工作與家務中取得微妙的平衡，如同特技人士走在懸空的鋼絲線，必須步步為營。先生偶爾會出差，我一打二的狀態下，沒有生病的權利，必須善用時間運動、吃健康的食物和照顧好自己，才有心思努力完成工作及照顧小孩。因此別再羨慕我，現在開始拿起紙、筆或手機，記錄使用時間。

2009 年，倫敦大學健康心理學研究員費莉帕勒里（Phillippa Lally）的研究顯示，每個人進入習慣的時間從 18 天到 254 天不

等，即每個人養成「習慣」的時間並不一樣。

適應一個習慣需要一定的時間，我記錄時間一至二回合後，發現能逐漸適應減少看手機，培養邊通車邊聽 Podcast 的習慣。先優化時間使用，再進行目標設定會更容易。附件有時間記錄表格，家長可以多填寫幾個回合，養成檢視時間使用的習慣，持續記錄能看見養成習慣帶來的改變，改變產生的成就感能幫助個人持續成長。

設定原子計畫

　　每個人都想跟股神巴菲特學投資與知識，巴菲特的私人飛機駕駛弗林曾跟巴菲特學習了成功的三步驟：

步驟 1：寫下 25 個最重要的人生目標。

步驟 2：認真地思考並選出 25 個目標中最重要的五個優先目標。

步驟 3：先專注於五個優先目標，避免花時間在沒有選的 20 個目標，因為太多目標會占用有限的時間和精力，無法專注於重要的五個目標。

　　正向教養的婚姻長樂課程中則有最重要的三件事，花些時間思考目前最重要的三件事情，與最常花時間的三件事情，寫完學到什麼？

你覺得最重要的三件事是什麼？	
花最多時間的三件事情是什麼？	
從這個表格上面你學到了什麼事情？	

　　我填寫的重心是教育、運動以及家庭，花最多的事情是家庭、寫文章與睡覺，所以我學習應該更專心寫文章，多留時間給運動，重新調整時間分配。很多時候我們都知道，卻沒有放在心上所以做不到，透過具體表格呈現，更能明顯提醒我們的目標。

　　奧地利心理學家阿德勒（Alfred Adler）將人生這段過程中所產生的人際關係課題分為「工作的關係」、「交友的關係」、「愛的關係」三個部分，他歸納人生有三大任務分別是工作、愛和友誼。

　　我與 50 多位家長討論後，發現維持良好婚姻生活一個重要的元素為金錢，因此我將財務也放在目標中，加上現在人們重視健康，希望維持良好身形，因此健康也是人生目標之一。

　　原子計畫為適合媽媽們的五大目標：「成就、人際、財務、健康與愛」。規劃時間為「63111」原則，即執行時間是長期（6個月）、短期（3個月）、1個月、1週到1日的計畫。由長期到目前的規劃，如同開車，能夠按照精準的指示到達目的。

　　巴菲特建議私人飛機駕駛菲林只做五個重要目標，家長們由於時間忙碌與零碎，建議只要選定一個目標，剛開始執行計畫時，建議從「輕量版」1天或者是1個星期開始嘗試；想要自我挑戰的家長，可以選1個月；慢慢熟練後，再到「中量版」的3個月與「重量版」的6個月。

　　各位家長一定很好奇，為何我沒有做1年的計畫？新冠病毒和居家隔離的這幾年帶來的不確定性，加上未來科技進步，隨時都有新的發明改變生活型態，因此原子計畫的長期計畫為6個月，保有計畫彈性與擁抱變化。

　　前面提到育兒與規劃計畫中，我們要先學會把事情分成小任務與小目標。設定一個大任務後，再先分成一個月可以執行，接著分成每週該完成的計畫，再分配成每天可以完成的小任務。

只要每天確實的一些微小行動，就能造就一個月後達成任務的大改變。

現代媽媽常有不太會煮飯的困擾，我也是為了孩子的副食品，因而學習如何使用電鍋與烹飪。煮飯對於上一輩媽媽來說，是信手捻來的靈感，油適量、鹽巴少許就能炒出一盤美味青菜，對於煮飯初學者，不妨先分解成買菜與煮菜兩個步驟，有時候菜餚不好吃，是不會選菜或是炒製過程少了幾個環節。廚藝沒有大家想得那麼簡單，我應用正向教養拆解成幾個小步驟，選菜、備菜與煮菜，依照各項學習，最終能端出一盤菜，讓孩子大讚：「最喜歡媽媽炒的菜！」

透過微小的計畫，1 天 5 分鐘的一個原子目標，累積成 1個星期、1 個月後的巨大的改變。

請先填寫最想調整的目標，請填寫「成就、人際、財務、健康與愛」的目標量表。最想改善的部分填 1 分，目前很滿意則為 10 分。

	1	2	3	4	5	6	7	8	9	10
成就										
人際										
財務										
健康										
愛										

表格完成後，請寫下得分最後與最想改善的目標為：_____

原因是：_____

　　並翻到該目標的原子計畫說明，設定計畫。完成本次目標後，可持續同類仍型目標或是換成其他目標。

成就：如工作和育兒上等想達成的目標成就。

　　常見的目標為：考公職、閱讀幾本書、育兒進修、花多久完成專案等。

　　現在邀請你花一點時間，思考兩個問題，並填寫記錄。

1. 目前能執行計畫的時間為？「63111」原則，即執行時間是長

期（6 個月）、短期（3 個月）、1 個月、1 週到 1 日的計畫。

2. 根據時間設定的目標

長期目標：6 個月後想達成的目標。

短期目標：3 個月內可以達成的目標。

1 個月目標：1 個月內可以達成的目標。

1 週目標：1 週內可以達成的目標。

1 天目標：1 天內可以達成的目標。

6 個月目標	3 個月目標	1 個月目標	1 週目標	1 天目標						

2022 年初我想寫「正向教養 × 兒童理財」專欄，但每週寫文章對我有壓力，於是先設定在三個月內寫完十篇文章，才開始發表專欄。我設定一個月要寫完三到四篇，每週找空檔時間寫一篇，一開始看到十篇文章，會覺得困難而不願意去做，但透過原子計畫，將任務細分成小目標，會更願意動手寫文章與構思。

　　「正向教養 × 兒童理財」的專欄在 2022 年 3 月上線，沒想到 5 月孩子確診，本來以為忙於照顧孩子的我無法寫文章，但事先縝密的規劃及分解成小任務，每週寫一篇與先前累積的文章，即使遇到孩子確診，我一打二極為忙碌無暇撰寫時，專欄仍然規律保持每週上稿一篇的進度。

　　此外，「跨界」在 2022 年 6 月份舉辦素人出版媒合計畫，3 月底、4 月初時，我知道這個計畫後，一直在思考主題方向並詢問《個人品牌獲利：自媒體經營的五大關鍵變現思維》作者李洛克老師的幫忙。

　　即使孩子確診，我們在家關了半個月，以及學校反覆停課，

加上先生出差，我一打二，在無後援的育兒壓力下，依舊順利完成 6 月份的投稿計畫，最終接到已經通過審核準備出書。本書按照原子計畫拆解成小步驟，依照我的步調順利寫完。

從不太會書寫，透過每週的小任務練習養成習慣，現在每週寫一篇專欄文章，我將寫文章分成週三到週五思考與小學生的金錢對話，週末陪孩子時也抽時間記錄與整理觀點，週一找適合的圖片，週二在網站後台編輯文章，等待週三發布。

再次強調原子計畫需要「沒有完美的計畫表，接受不完美的心態」，家長能用成長型心態看待每次遇到的問題。

過去的我貪心設定很多目標，想要健康、財富、生活及工作成就。每個方向設定四到五個小目標。有一次我對朋友分享一年想做到的許多目標，他聽完後說：「什麼都想做，時間就這麼多，你沒有辦法完成，應該要設定成一次一個目標，最簡單的執行才最有可能完成。」這句話點醒了我，設定簡單目標與小目標的方向執行，是容易達成而且更容易做到。

愛：關於愛情與婚姻關係為目標。

常見的目標為：改善教養不一致、單獨約會、先生學會傾聽等

現在請你花一點時間，思考兩個問題，並填寫記錄。

1. 目前能執行計畫的時間為？「63111」原則，即執行時間是長期（6 個月）、短期（3 個月）、1 個月、1 週到 1 日的計畫。

2. 根據時間設定的目標

長期目標：6 個月後想達成的目標。

短期目標：3 個月內可以達成的目標。

1 個月目標：1 個月內可以達成的目標。

1 週目標：1 週內可以達成的目標。

1 天目標：1 天內可以達成的目標。

網路上有許多媽媽抱怨，先生下班回家覺得很累，只想休息不照顧小孩。從先生的角度來看則是上班一整天，回到家先喝個啤酒休息、打個電動，太太非得要我接手包尿布、洗衣服，

甚至希望照顧好孩子。先生覺得：「天啊！妳整天在家沒事做，妳為什麼不能做完這些事情？我累得跟狗一樣，為什麼回家還要幫忙呢？」

先生上班可以跟同事有目標的談話，在家育兒的太太面對的則是類似「爬行類動物」的幼兒，根本沒辦法溝通，每天要講幾百遍不可以、不行，還得重複聽洗腦兒歌。

其實先生若想改善夫妻關係，只要適當跟太太說聲「辛苦了」，抱抱一下，太太就能感受到重視與愛，慢慢也會體諒先生上班的辛勞，並用瓢蟲法溝通育兒工作的需求，也可從讀懂另一半的愛之語，替對方加滿情感存摺，夫妻感情自然加溫。

人際：是否過於討好，還是強硬？在人際相處上想達成的目標。

常見的目標為：人際斷捨離、增加人脈、多認識其他家長等

現在邀請你花一點時間，思考兩個問題，並填寫記錄。

1. 目前能執行計畫的時間為？「63111」原則，即執行時間是長期（6 個月）、短期（3 個月）、1 個月、1 週到 1 日的計畫。

2. 根據時間設定的目標

長期目標：6 個月後想達成的目標。

短期目標：3 個月內可以達成的目標。

1 個月目標：1 個月內可以達成的目標。

1 週目標：1 週內可以達成的目標。

1 天目標：1 天內可以達成的目標。

　　阿德勒（Alfred Adler）提出「社會情懷」，在《被討厭的勇氣 2》作者岸見一郎和古賀史健詳細解釋「社會情懷」是對他人做出貢獻。每個人有交友的需求，也有交友的困擾，連幼兒園孩子也希望跟他人一樣，而買一樣的飾品或電話手錶。小學生則是要一起玩寶可夢卡牌或是有共同喜歡的 YouTuber，才會有共通話題。因此，想想自己想要的人際關係是什麼？

　　疫情前，幾乎只要朋友邀約，我都會答應。每天事情排得滿滿，家彷彿只是旅館。我在羅志仲老師的工作坊學習到人際關係也要「斷捨離」，並不是說你要完全捨棄友誼沒有朋友，

而是為了你的目標，是否暫時婉拒聚會，聚會是否會讓你壓力很大。

減法人生，加法時間。

有人提出時間管理是偽命題，因為每個人哪有那麼多事情要做！我學習兒童理財與正向教養後，歸納出時間管理是比財務管理更為重要的事情，也有聽人說人生不公平，天生含著金湯匙出生，雖然每個人出生在不同家庭，但是不論全世界的人都擁有一樣的資產：24小時的時間。當你滑手機2小時，別人卻花2小時準備工作提案，每週、每個月，甚至每年，就會產生極大的落差，時間是最需要管理的資產。因此，管理好你的時間，就能產出更多產值，放下手機，善用原子計畫，人生會多出許多時間。

2020年疫情緣故，大家減少社交外出時間，多了跟家人相處。這期間我與孩子發生許多時間觀的摩擦，像是：孩子沒辦法記得學校線上課程時間，我少了通車時間，卻需陪小孩上課和煮飯。如果家長盤點出空閒的時間用來放鬆，或是花時間訓

練孩子獨立，或許在沒有時間壓力下，能耐心培養出他們自主的習慣。

《怦然心動的人生整理魔法》作者近藤麻理惠讓大家明白物品要「斷捨離」，可是人際關係更需要「斷捨離」。以往的我太過於討好，朋友傳訊息約我出門聚餐，如果我確認行事曆上沒事情就會答應帶孩子同行。但孩子可能對吃飯活動不感興趣，反而更希望在家玩玩具或其他戶外活動，孩子出門就需要花 15 分鐘，搭捷運過程可能會吵鬧不想去，好不容易到了餐廳，我想跟朋友聊天，還要花心思陪孩子玩或找書籍，因此出門一趟聚會雖然很開心，但總覺得疲倦。

關於人際斷捨離，我曾在長耳兔心靈維度的薩提爾工作坊中，聽到羅志仲老師分享他的故事：「某年舉辦高中同學會，一般人聽到都會預留時間參加，但是想先照顧好自己，所以當天有空也選擇在家裡休息。」我當下聽到的第一反應是十分震驚！內心冒出許多問題：「怎麼會不去？明明就有聚會，應該要參加！」

經過三年靜心冥想與「瑜珈海洋」正念瑜珈師資培訓中「靜僻」活動，是指 24 小時不用手機、不講話，留下大量的空白時間察覺身體與情緒。

以前習慣 1 個小時至少要解鎖手機一次以上，查看是否有工作上急事、孩子學校家長代表群組需要轉達訊息等，透過「靜僻」，24 小時沒看訊息、電子郵件與社交媒體。原本以為重要的事情，似乎也沒有那麼重要，像是家長代表群組訊息未即時回覆也沒關係，沒有馬上跟朋友訊息聊天也無所謂，24 小時後才回覆，也沒人發現你離線在「靜僻」。

少了聊天與一碰手機就忍不住滑手機，多出來的時間用來冥想、看書、休息與吃飯，更能體悟到活在當下的喜悅，也了解羅志仲老師所指的「照顧自己」。

原來去聚會當下很開心，但聚餐結束回到家的疲倦不只來至於身體，還有聊天中隨時想話題的壓力，展現出大家喜歡模樣的束縛。不如把該時段留給自己，穿上睡衣、吃著外送食物、追劇來得輕鬆自在。

於是我減少社交，記錄使用時間並重新檢視，把時間留在目標上，也是我達成目標的原因。大家會羨慕我能夠專注往目標前進，是由於我沒有什麼社交活動，外出也是買菜、運動、接送孩子上下學等單純範圍而已。因為減少實體社交，改為線上溝通，將通車時間省下來，讓我擁有充足睡眠，更能專注在喜歡的目標上！

財務：想要達成的財務目標。

常見的目標為：存多少錢、看幾本理財書、買房等

現在邀請你花一點時間，思考兩個問題，並填寫記錄。

1. 目前能執行計畫的時間為？「63111」原則，即執行時間是長期（6 個月）、短期（3 個月）、1 個月、1 週到 1 日的計畫。

2. 根據時間設定的目標

   長期目標：6 個月後想達成的目標。

   短期目標：3 個月內可以達成的目標。

   1 個月目標：1 個月內可以達成的目標。

1 週目標：1 週內可以達成的目標。

1 天目標：1 天內可以達成的目標。

大家都知道要對目標具體設定，但對於財務反而不知道該如何設定。

我記錄育兒的臉書粉專「媽咪老師聯絡簿」，有出版社邀約與書籍團購等流量變現，有打算開始寫粉專的媽媽向我詢問：「不知道要單純寫日常育兒記錄，還是接案寫團購的文章？」

我協助他們釐清粉專文章，不單只有記錄育兒與商業合作邀約兩種，而是回到寫粉專的心態設定。他認為拿錢寫推薦文太過於商業化，這件事情是「不對」或是「我真的可以嗎」、「我值得嗎」。

《人生實用商學院》作者吳淡如指出：「錢本身是中性，金錢收入供給身體能量，所以錢本身並沒有什麼對或錯。」只有先了解自己對錢的認知與想法，才會擁有豐盛生活。我寫育兒記錄也是抱著幫助更多家長，我書寫記錄的時間值得有報酬

來支持日常生活。

也有其他媽媽未來的目標是「我要超有錢」。

我繼續詢問：「接下來該怎麼做？」

有人回覆：「創造被動收入，想從部落格置入聯盟行銷等，產生被動收入。」他有非常明確的目標，更容易執行。

另一個媽媽則說：「我還不知道。」

我先詢問：「你定義的有錢是多有錢？」

他說：「要幾百萬吧？」

我繼續問：「那是幾百萬呢？」

他說：「約 200 萬。」至於如何達到這 200 萬的目標目前還沒有想法，但需設具體目標，才能制定原子計畫以達成目標。

也有家長提問：「如何教孩子理財？」

我問：「目標是什麼？」

他回：「希望可以財富自由。」

我詢問：「對於財富自由的想法是什麼？」

他說：「可以有花不完的錢，也不會用到原本的錢。」

這個思考方式是我上兒童理財師資課程學到「富人」的用錢方式：用本金賺來的股利或是投資回報當作花費，而不會動用到原本的資產。大家也可學習此種用錢方式，但需要先累積到一筆本金，想要財富自由，需要先計算自己所需金額是多少，再進行後續行動方案。

我多問一句：「是否有記帳？」

家長說：「還沒有。」

這也說明大部分家長對於兒童理財的誤解，希望開源，卻忘了節流。專注於增加收入，投資或是多一份收入，卻忽略最容易做到的記帳。

對我而言，理財最根本的是管理好財務，簡單來說是記帳和減少不必要支出。我原本過著光鮮亮麗的生活，每天一杯星巴克，喝到擁有金卡會員，每當月初繳卡費都只能繳最低費用，過了一陣子的痛苦生活。之後我透過記帳找出「拿鐵因子」，

開始不喝星巴克，每個月省下 3,000 元可供運用。所以，我教孩子投資前需要先做到三點：拿到零用錢時需要先記帳、花錢練習需要與想要、親子共讀財經新聞。

拿到零用錢時需要先記帳

哥哥上小學後，每週零用錢 10 元，而大班的弟弟是 5 元。一開始沒有要孩子們記帳，他們不知道把錢花到哪裡，當我學石油大王洛克斐勒教孩子們記帳後，他們知道收入多少、支出多少，把錢花到哪裡。記錄花費的過程也是在複習生活記錄，孩子們知道每一筆錢的去向，改善以前的重複購買陋習，開始抓出金錢漏洞。

花錢練習需要與想要

給零用錢後，我會特地帶他們到超商詢問：「要不要用零用錢買飲料？」暑假超商飲料有優惠折扣，我們一起計算後，發現折扣完的價格跟超市差不多，所以不用特地繞路到超市買飲料。花錢中學會看消費折扣與適合採買的地方，聰明消費，

也是學會等待股票適合的價格才購入。

親子共讀財經新聞

2019 年，我玩了兩次桌遊「現金流」，觀察到遊戲過程中，我不知道財經市場發生什麼事情，明明土地上漲，但我卻高額購入；股票市場下跌，卻隨性賣出。「現金流」桌遊中沒注意市場變動，亂買賣土地與股票交易，造成遊戲慘輸，所以我開始每天看財經新聞。

當然一開始都看不懂新聞在說什麼，於是上網查詢看不懂的專業名詞，試著了解金融市場升息、降息是什麼意思，會發生什麼事情，像是政府大力推動的方案、公司未來進行的方向。我看到口罩股在疫情時大漲，2022 年買了血氧機公司零股，小賺 3% 就賣出，我希望教導孩子長期投資，觀察未來發展是投資最需要的事情。

當我們希望開源，教導孩子投資時，最先該做的不是開證券戶，也不是買股票，而是先記帳和節流。存夠一筆投資的金

額，非緊急使用的金錢，才能夠平常心看待下跌並一覺好眠。

我先給予孩子們零用錢，並請他們開始記帳，練習需要與想要和親子共讀財經新聞，再開始引導他們認識生活中常見的公司行號，例如超商、運動鞋、遊戲等公司，才進階學習投資股票或是其他投資方式。

我在 2022 年初設定的金錢目標，是一個月有 3,000 元收入。因為寫文章跟接案是不固定的收入，雖然可以達成每月目標卻不固定，也不知道下一次案子在哪裡，因此 2023 年決定每個月舉辦媽咪老師小聚，定期舉辦活動，現在已有固定的參與夥伴，開始改善以前等待接案時的窘境。

為了達成財務目標，必須學習與練習：

1. 看書

2. 上課

3. 投資理財

4. 記帳

(1) 設定目標，決定要買什麼東西

(2) 比價，聰明消費確認要準備多少錢

(3) 行動，制定存錢計畫表

5. 家庭財務概念培養

　　我還沒有分辨需要與想要時，每天一杯星巴克，等我記帳抓出「拿鐵因子」，找出一個月居然要花 3,000 元在咖啡飲料類別。因為我需要喝咖啡提神，沒辦法戒掉，於是調整成在家自行沖泡，省下喝星巴克的錢，可以用來投資零股並減少卡費。

健康：身體、睡眠或是體重的目標。

　　常見的目標為：減少幾公斤、降低多少體脂、幾點前要睡覺等。

　　現在邀請你花一點時間，思考兩個問題，並填寫記錄。

1. 目前能執行計畫的時間為？「63111」原則，即執行時間是長期（6 個月）、短期（3 個月）、1 個月、1 週到 1 日的計畫。

2. 根據時間設定的目標

長期目標：6 個月後想達成的目標。

短期目標：3 個月內可以達成的目標。

1 個月目標：1 個月內可以達成的目標。

1 週目標：1 週內可以達成的目標。

1 天目標：1 天內可以達成的目標。

先寫下目前最想達成的目標，例如我以前以 1 個月瘦 5 公斤為目標，才發現實際上做不到，導致計畫失敗。因此建議將時間拉長，3 個月減重 5 公斤，用時間培養習慣，才是維持健康好體態的關鍵。我三年前開始參加「陰瑜珈師資培訓」後，體重維持在 53 到 56 公斤之間，沒有復胖的問題。

家長問：「怎麼做到身材管理？公司中午有免費的瑜珈課，但中午只想睡覺休息。」既想要運動又想要休息，不知道該怎麼做才好。

我先和他確認健康的目標是減重幾公斤，瘦身不只要運動，也需管住嘴巴，所以如果他累到只想要休息的那天，可選擇健康低卡的飲食，進而達到瘦身的目的。

執行原子計畫

請務必確保每天、每週到每個月有安靜坐下時間以檢視目標是否有達成。如果沒有達成，是哪個地方需要調整？哪邊可以做得更好？自己是自己的教練，透過自我的對話，聽見內心需求和省思的過程幫助目標完成。

執行後，若發現幾個小任務比較難達成，可以延後目標，考慮將整個大任務調整再分解成小任務，請務必至少嘗試一週後再來調整。

陳志恆諮商心理師在《正向聚焦》著作提到「向外比較」，是指人們總是看到別人一年打卡做多少事情、吃很多美食或是讀了很多書籍。羨慕他人的生活，加上現在社群媒體的發展趨勢「每個人都想把最好最棒的一面表現在網路上」，總是掩蓋

日常生活平淡無實的一面。社交平台的網紅被踢爆共同租借一個房間，或是多人共享一套酒店下午茶，並在各自社交帳號寫開箱文，過著建立「白富美」生活的錯覺。

因此，當我了解網路世界的虛幻，更加關注和記錄每天做了哪些事情、把時間花在哪邊。動手記錄時間與精力使用狀況，找到時間小偷去修正時間使用，以達成目標。

開車要先知道開哪裡，才知道如何到達想去的地方。具體寫下計畫，檢視時間花在哪裡、按照時間四象限來分類，多出來的時間專心在自己想要做的事情上面。

我們存錢都會有目標，分成 1 天或 1 個月的存錢目標。例如，我想要 1 個月存 3,000 元，先設定每天存 100 元以達成目標。原子計畫也是同樣的道理，如果想要 1 個月減重 4 公斤，1 個星期需減 1 公斤，如此將大目標分解成小目標，會讓人覺得比較容易達成而不輕言放棄。此外，容易達成也會更容易想要繼續執行下去。

優化原子計畫

原子計畫也需要重新思考計畫。

我跟朋友分享「原子計畫」概念，多數朋友反饋：「常常看完書，做完計畫後因為高標準而放棄做不到，回到原本的模式。」像是常見的減重失敗，每次計畫就像一場競賽，需要不斷檢驗與回頭。知名網球運動員大小威廉斯（Venus & Serena Williams）的爸爸錄製他們的比賽過程，等賽事結束再共同觀看影片，針對失誤動作討論「下次該如何優化」。

《被討厭的勇氣 2》指出阿德勒的心理學沒有魔法，更需要調整心態成如何解決這件問題、不再糾結於為何做不到、而是如何下次可以做好。

　　升上小學高年級的哥哥，作業比較多，需寫一篇作文，我只提醒他記得要收垃圾，就準備休息。約莫晚上9點半，他說完成事情要去睡覺，我們做了睡前儀式「睡前HOT（Hug、Only、Talk）」，他就就寢了。

　　隔天早上6點，我到廚房才發現，什麼！滿出來的垃圾沒收拾！

　　我轉身倒杯溫水，告訴自己：「這又是練習正向教養的好機會！」

　　等哥哥6點半起床後，我溫和又堅定的說：「我看到垃圾沒收」（具體描述事實）

　　「你打算什麼時候收？」（啟發式問句）

　　其實問完，我內心思考著「問得不好」，如果他說晚上收，我能接受嗎？

　　沒想到！他帥氣的回答：「我現在就去收。」和平化解原本會起衝突的場面。

　　過去我可能會說「你答應好要收，怎麼沒收？」、「你

好幾次沒收，你都說話不算話！」

哥哥被唸，可能也會回「哪有，我之前也有做到。」

如此將變成處理情緒，而沒有真正解決事情。

如果我糾結於他沒做到，他還是沒完成。因此調整心態為「遇到問題又是學習的機會」，該如何幫助自己或是孩子完成計畫又能享受時間，為原子計畫的重點。

要優化下一次的原子計畫，我應用腦力激盪、3R1H原則與專注於解決方案，培養成長型心態。

關注解決方案

1	2	3
問題	腦力激盪	選擇適合方案
	至少六個解決方案	選出一個符合 3R1H 原則的方案 1. 相關 2. 尊重 3. 合理 4. 有幫助 嘗試一週後，再討論

圖片來源：《正向教養親子互動工具卡：提升教養 52 招》大好出版。

3R1H 原則

1. 相關（Related）：行為和後果之間有關連性。

2. 尊重（Respectful）：不是給與羞辱或痛苦。

3. 合理（Reasonable）：結果對大人和小孩來說都是合理的。

4. 有幫助（Helpful）：對於事情有幫助的。

有位媽媽很困擾，每次洗澡前請爸爸照顧孩子時，爸爸總會發脾氣，對孩子容忍度很低，他想解決這個狀況，詢問我還有還有什麼方法？因為這是爸媽教養不一致，不是媽媽不懂教養，我示範正向教養的腦力激盪、3R1H 原則與專注於解決方案。

針對該問題，我們一起共同腦力激盪，提出還有什麼可以和好玩的方式。他想了想回覆：「可以選擇自己好好洗澡，不管浴室外面發生的事情」、「讓孩子看平板」、「將孩子的個性告訴爸爸」，只要討論出來的方案符合 3R1H 原則都可以嘗試。因為這幾個方案都符合原則，所以請他選擇適合方案，等

嘗試一週後再討論看看。

　　他選擇了教育爸爸，表示孩子的個性比較敏感，該如何引導孩子，因此用良好的語氣跟另一半溝通，爸爸很願意學習與引導，他也能好好的洗澡。

　　很多時候遇到問題，不是我們沒有辦法解決，而是帶著情緒去解決，才會覺得沒有辦法改善。靜下心來重新看待方案是否符合 3R1H 原則，並嘗試一週後再來檢視。

　　除了教養，做計畫也會遇到覺得沒有進步或遇到困難，此時我們放下情緒，不檢討自己過錯，反而思考如何可以做得更好，通過腦力激盪的方式並符合 3R1H 原則，讓計畫可以順利進行。如同《被討厭的勇氣 2》阿德勒所說不把重點放在原因，而是如何讓結果做得更好，是培養我們成長型心態。

　　做好自己的原子計畫，不比較。

　　以往的升學教育制度，我們習慣看分數與競爭。我剛練習瑜珈時，很容易看到練習很久的同學能做到一定的動作，急著

想學。我很喜歡「Goddess Yoga TW」瑜珈 Vicky 老師說的話：「停留在你可以的位置，好好覺察自己的身體狀況，放下比較，專心注意自己的身體細節。」

不知道從何開始，每年的歲末年終，大家都會在社交平台記錄下一年預計完成的目標。也由於網路上隨手可見的美麗照片、華麗文字呈現完美生活，容易產生攀比心態，使得生活感到壓力與不快樂，造成日常焦慮的來源，應用瑜珈的專注力，放下比較。

我有以斜槓媽媽身分體驗創業社團，雖然大家非常和藹親切，也鼓勵我參加創業活動。讀了《一人公司》後，我發現這不是我想要的生活，創業需要設立公司行號與招募員工，目前我還是孩子們的主要照顧者，若是成立公司的生活會造成我蠟燭兩頭燒，失去照顧家庭的原意。讀懂自己的初心後，專注於自媒體發展與教學，讓我過得更開心。適合他人的生活，並不一定適合我的生活。

事情已經發生，一昧苛責自己做不好，更容易產生滿滿負

面能量。應用 3R1H 原則，把重點放在如何達到目標。我上「正向教養家長講師工作坊」時，「美國正向教養協會導師」謝玉婷老師發現我在課程中總是訴說以前做不好的情況，提醒我別再看以前教導孩子因為太累失去耐心而怒吼的回憶。他耐心引導如何為下次相同情況做準備，請我拿出「正向教養工具卡」，思考會使用哪個工具卡，因為每次遇到問題都是學習的機會，當家長帶著不完美的勇氣，才能展開翱翔的翅膀，帶領孩子共同飛翔。

不糾結為什麼？而是我們能做什麼？

原子計畫不只是幫助育兒、工作，甚至適用於人際和婚姻。由於現在大家習慣看到網路上美好的照片與文字，缺乏看見中間的努力過程，因而抱怨生活與孩子。記錄自己的使用時間習慣、設定目標與分解成小任務，才是往自己期望的目的地前進。

透過「63111」原則，設定一個時間與任務，不斷嘗試與調整後，才能優化自己的生活習慣進而達成目標。原子計畫的重點為主動完成一個目標，將小目標累積成大目標，放下普遍向

外比較的習慣，理解每個家庭都有不同的生態圈，專心致志的在自己目標，使得每一個微小任務慢慢地創造期望的未來藍圖。「正向教養」強調設定一個小任務會更容易達成，所以當你想要做的事情，可以想想這些任務需要拆解成什麼步驟。

犯錯是最好的學習。心理學者阿德勒教導要有被「討厭的勇氣」，我提出原子計畫的「修正」是為提醒過程中學到了什麼？我們又該如何設定目標？每次的經歷都有學習到的地方。因此帶著不完美的勇氣，繼續執行計畫表才是能夠做到自己最完美的地方。

Chapter **4**

孩子的原子計畫

網路上有許多繪製精美的計畫表，有國外的媽媽設計「暑假必須完成的 100 件親子計畫表」，我嘗試學習完成這 100 件親子活動，但那次暑假我只完成了十多項，且覺得很沮喪。現在回顧，才了解那是別人設計的計畫表，並不適合我們家。

　　有家長提問：「跟小學五年級的孩子共同討論回家計畫表。孩子自主設計計畫表時間非常完美，可是第一天都做不到，還是躲在書房看書，不願意按照計畫表進行。」

　　我詢問：「是怎樣的計畫表呢？」

　　家長說：「像是週四游泳回來後，6 點到 7 點吃飯，7 點到 8 點寫作業，8 點到 9 點洗澡與整理書包，9 點半上床睡覺。」

時間	該做事情
6:00-7:00	吃飯
7:00-8:00	寫作業
8:00-9:00	洗澡與整理書包
9:30	上床睡覺

孩子不是機器人，也只是個人。

我請這位家長好好思考：「如果你上班回到家，最想做什麼事情？」

家長馬上回答：「躺著滑手機！」

孩子上學就像家長上班，回到家也會想休息，想做「想做」的事情，像是閱讀、玩玩具或是看平板。然而，大部分家長認為孩子回到家一定要先完成「該做」，再去做「想做」。孩子與家長的時間安排觀念落差，引起家長對於時間的焦慮而發脾氣催促，孩子則有晚點再做的心態，使得家長認為孩子不聽話和叛逆。

我也不例外，哥哥一年級時，我的「控制」教養風格希望他放學回到家一定要先洗澡和寫作業，完成「該做」再去看書，結果引發反彈與抗拒，對此情形，我曾感到沮喪與無助。

我深知為了寫作業吵架會耗損親子感情，違背我留在家庭想帶好他們的初衷。進而學習正向教養並應用到孩子的時間管

理，整理出適合孩子原子計畫的心法：「具體行事曆」、「拆解成小步驟」、「花時間訓練」和「共同討論」。

正向教養心法

一、具體的行事曆：圖表

　　《正向教養》提到「當孩子感覺好的時候，做的更好」，共同討論計畫表，選在雙方心情好的時候，效果會更好。

　　試著想看看，當你上班時，一直被主管為難，主管還要你把未完成的事情帶回家做，你能夠開心完成嗎？亦或是你忙著煮飯，孩子抱著你的大腿哭鬧，希望你不要煮飯可以陪他玩，慌亂中把某道菜炒焦，煮飯的水加太多導致米飯太稀，不僅沒顧好孩子也沒煮好飯。

　　因此，試著不在事情發生當下討論，將想討論的事情安排在雙方心情好的時候。家長可以準備零食或是點心，邊聊邊討論

雙方都可以執行的行事曆，如果孩子提出家長覺得不可行的計畫，像是回家先玩再寫作業，家長應請孩子思考，如果能做到先玩再寫作業，需要做到什麼事情？哥哥提出「平板計時提醒」看書時間，計時器響起表示該去寫作業，因為符合 3R1H 原則：相關（Related）、尊重（Respectful）、合理（Reasonable）、有幫助（Helpful），我讓他嘗試看看。

曾發生晚了幾分鐘才寫作業，或是自行關閉計時器等情況，但我將這些問題放在「家庭會議」討論：「如果計時器沒辦法提醒，是否先做該做？」他提出「改為媽媽計時提醒他」，這也是可以執行的方式，我們便嘗試，直到我觀察他計時越來越準時，於是再次放手讓孩子們自主設定時間。

親子共同討論方案是否可行，如果家長還是覺得不行，再討論有什麼方式可行，只要符合 3R1H 原則可以試試看。

如果孩子覺得被催促，親子共同討論把該做事情畫下或寫下來，雙方討論出表格後，只要到時間還沒完成，父母就把他帶到表格前，以溫和又堅定語氣提醒：「想看看還有什麼事情

沒有完成？」家長閉上嘴，改用行事曆說話，減少討價還價的次數，透過一起制定計畫表和行事曆具體提醒，孩子會感覺被尊重，也更願意去執行，這是我家能成功執行的秘訣之一

二、拆解成小步驟

寫作業或是行事曆執行上有衝突，有可能是孩子想自己決定何時寫作業、覺得太多不願意去做或是一直被家長的表定計畫催促，自己根本不知道該做什麼。

針對覺得作業太多而拖拖拉拉的孩子，家長可以引導他們將作業細分成小任務，每一個小任務中間留點時間休息。原本很多的作業，就像沒辦法一次吃完的八吋蛋糕，透過切割成小片慢慢吃，花 1.5 小時也能夠吃完。

如何細分，要按照孩子的特質。若是不願意寫作業的孩子，只要先完成一項作業。願意寫但覺得作業很多的孩子，則教導他四項回家作業，依照類別再細分為一次寫 1 頁到 2 頁，花時間慢慢寫完作業。

作業類別	內容	小任務
國語	甲本 2 頁	20 分鐘寫 1 頁 休息 15 分鐘
數學	數習 3 面	30 分鐘寫 1 面 休息 15 分鐘
社會	社會習作 4 面	15 分鐘寫 1 面 休息 10 分鐘

三、花時間訓練

家長總認為跟孩子說了，孩子就能做到。不知道大家有沒有這樣的經驗：前一天跟孩子說起床後要摺棉被，結果孩子沒有一天做到。比起用口頭說，家長親身示範是很重要的：

• 家長溫和的示範：每一個步驟該怎麼做

• 家長陪伴孩子每一個步驟該怎麼做

• 在家長的旁觀下，讓孩子獨自進行任務

• 當孩子覺得準備好，讓他自己做

例如：行事曆中的刷牙，孩子總是不願意主動去刷牙。家長除了跟孩子討論好行事曆以外，還可以先示範，睡覺前去刷牙並在旁邊陪伴孩子刷牙。透過家長耐心引導與陪伴建立刷牙

的規矩，在家長的旁觀下，讓孩子試著自己刷牙；當孩子覺得準備好可以獨自刷牙，就讓他自己試試看。

或是培養洗碗習慣，家長挑選適合孩子手掌大小的海棉與清潔劑，先示範如何洗碗，先拿海棉、倒清潔劑，一手拿著碗，另一手拿海棉搓洗，最後以清水沖洗乾淨。搓洗的方式有輕搓、用力搓、轉動碗清洗等，依照各家長的方式教導。前幾次嘗試，家長可在孩子旁邊耐心教導，等到覺得孩子準備好，再單獨讓他清洗。

依照我家經驗，孩子仍會有洗不乾淨的地方，但先欣賞孩子做得好的部份，再示範可以做得更好的地方，孩子會學得更有信心。

四、親子共同討論

很多人沒辦法執行計劃，是因為不知道要重新規劃。凡事要求完美，反而無法前進。我家弟弟學圍棋時，老師會帶他們「覆盤」，意思為比賽結束後，老師會按照下棋的過程，探討

每步棋的好壞，如何調整學生沒看到的策略，這是精進棋藝的賽後檢視策略。

　　「哪裡可以做得更好」取代「你都不行」、「你做不好」，培養成長型心態。一週花 20 分鐘，在家庭會議共同重新檢視這週的計畫表，由家長提問「哪邊做得好」與「哪邊可以做得更好」，幫助孩子看見自己的努力與如何修正下一週的目標。經由一次又一次的檢視過程，使得孩子修正安排計畫表的順序。

正向教養方法

　　想要孩子做到計畫表就如同蓋積木一樣，從零開始慢慢疊加，所以我整理了從新生兒到青少年階段，父母常遇到的時間管理問題。

零歲至三歲：理解需求

　　零歲寶寶也可以有作息表？是的！我從睡眠書籍上學習到寶寶若有規律作息，會有更穩定的感覺，他也知道接下來要做什麼事情。父母跟寶寶都能有較「可預期」的時間。

　　被家長譽為「天才嬰兒保母」的崔西（Tracy Hogg）在《超級嬰兒通：天才保母崔西的育兒祕訣》指出，照顧嬰兒的「吃玩睡」時間規律，即為寶寶喝奶完，可以玩一下遊戲，像是躺

著看圖卡、吊飾；玩累了，就進入睡眠時間；睡醒為喝奶時間循環。媽媽可以趁寶寶小睡時間一起睡或做些家務事。

「玩耍時間」除了陪伴孩子，也能培養獨立玩耍的能力。哥哥一歲半玩大積木時，我因為疲累，不小心躺在旁邊睡著 10 分鐘，雖然只有一歲半，他已能專注玩積木，爾後，我透過遊戲書閱讀、聽音樂、塗鴉等遊戲，慢慢拉長他獨玩的時間，從 10 分鐘延長到 15 分鐘，至今，買了新的樂高積木後，兩個孩子會花一個下午，大約兩小時到三小時合力蓋成。他們合作一起玩，我就有更多時間做家務事或自己想做的事情。

正向教養小工具

獎勵或鼓勵

我不反對集點制度，可使用獎品或玩具增加動力，但是價格要合理。因為現今孩子的物質生活豐富，要以他們感興趣的物品或需求當成集點，像是父母親自陪伴、共讀

一本書等，只要能提起孩子動力的獎勵都可以。

獎勵就像是點心，偶爾給沒有關係，重要的是「你想要孩子建立怎麼樣的觀念」。剛開始只要孩子有做到，可以口頭鼓勵或集點，我家的家務事培養習慣用視覺具體的行為表示，我有給獎勵。我的獎勵是集到 10 點可以換抱抱；集到 20 點可以換吃冰。當孩子越來越主動完成家事，我慢慢淡化獎勵，改用更多口頭鼓勵讓孩子養成主動良好的秩序及生活感。

至今五年了，我們家幾乎都沒有用獎勵制度，反而是給零用錢，孩子們學習到想要的東西需透過預算安排，靠自己存錢購買。教養不是一刀切，非黑即白，採用任何的教養方式前，家長需考慮是否符合自己家庭與如何調整運用到適合孩子特質。

三歲至六歲：協助習慣幼兒園上學規律

現在家庭結構改變，越來越多雙薪家庭，所以孩子多半為三歲到六歲上幼兒園。上學後，家長最在意的時間管理為出門前與放學後的時間。

我是高中時期才學會時間管理，要一個三歲多的小孩知道時間管理確實有些困難，所以三歲孩子的時間管理要像「蓋積木」，一個積木疊上一個積木蓋出高塔。關於出門，要讓孩子先記得一定要做一事，例如穿鞋子、帶水壺等。

家長用花時間訓練的心態：

• 家長溫和的示範：每一個步驟該怎麼做

• 家長陪伴孩子每一個步驟該怎麼做

• 在家長的旁觀下，讓孩子獨自進行任務

• 當孩子覺得準備好，讓他自己做

等到孩子出門一件事都能自主完成，再跟孩子討論出門該做的三件事，使用蓋積木的方式培養孩子獨立。

　　同樣的，回家後作息也是用花時間訓練的心態，陪伴孩子先做好一件事情，像是洗自己的餐碗、收玩具或是刷牙，等到一件事能自主完成，再跟孩子討論回家該做的三件事。

　　有家長著急問：「在幼兒園上學的兩歲半孩子，回到家後總是叫不動不肯洗澡，總是在玩玩具，老是拖拖拉拉，耽誤到睡覺時間。」

　　我仔細問：「孩子目前幾點睡？你希望他幾點睡？」

　　家長回答：「孩子 11 點睡，我希望他 10 點前躺在床上。」

　　我又問：「放學回到家是幾點？」

　　家長回答：「下課會在外面吃完飯才回家，約莫 7 點到家。」

　　此時，我明白孩子回到家也晚了，想玩玩具再洗澡的心態，但是家長總希望還能排親子閱讀等活動，如果拖延便無法完成家長心裡的期望。

　　我建議把洗澡變得好玩，例如「你想要像飛機飛過去，還是學鴨子走路過去？」把遊戲融入生活，引起孩子想去洗澡的

動機，並把目標設定提早五分鐘，原本 11 點睡覺，改為 10 點 55 分，等到孩子可以準時上床後，再逐步將時間提早五分至十分鐘。

我們的目的是為了孩子好，但在時間的壓力下，表現出來的行為卻讓孩子感受不好，反而本末倒置。

正向教養小工具

有限選擇

　　有限選擇，可以說是二選一。選項為家長可以接受的方式，提供孩子決定的權利。如果孩子不願意選，請孩子思考第三個選擇，共同討論新選項是否適合當下，如果家長能接受，便按照孩子提出的選項，有限選擇給予孩子思考與做決定的權利。

六歲至十二歲：小學生的規律作息

　　小學生家長都會遇到上學拖拖拉拉的問題。不同於幼兒園可以 8 點 30 分以後到校，小學最慢上學時間為 7 點 50 分，大部分能準時上學的孩子都在 6 點 50 分至 7 點左右起床。

　　小學生雖然個子與外型看起來成熟，但大部分都不知道出門要帶什麼，或是依賴家長，不願意自己準備。

　　如果是六歲才開始練習計畫表，可以按照出門三件事與回家三件事練習起，家長花時間培養自主完成計畫表。

　　常見的寫作業拖拖拉拉則可以參考「錯誤目的表」。如果是「爭奪權力」，讓他自己決定怎麼做，若做不好再討論該如何完成，從尊重孩子的方式共同討論達成協議到雙方都能接受的回家計畫表。

　　如果孩子是需要幫助的「自暴自棄型」，則是將作業分解成小任務，慢慢地從一頁、兩頁開始寫起，同時與老師溝通，你正在協助孩子，或許目前沒有辦法準時完成作業，但預計在

何時能讓孩子完成。良好的親師溝通可減輕家長的壓力,也減輕孩子的作業壓力,才能夠做到溫和與堅定的正向教養。

遵守約定前是需要不斷練習。

曾有家長提問:「用表格來跟孩子約定,但是孩子還是做不到!」

不瞞各位,我家是一年級才做作業計畫表時,孩子總是先玩才寫作業。想當然,這次的計畫表是玩到下午,晚餐時間才開始寫作業,結果半夜十二點才寫完。有此次的慘痛經驗,下次他主動注意時間,按照進度進行活動,直到現在升上高年級,大部分都能自己完成作業,不太需要我催促。

學員 Jane 說:「之前非常煩躁,因為要催促一個孩子的行事曆,透過時間管理課學習後,輕鬆不少,孩子們的表現越來越好。」

課程中,他使用了以下三點:

• 具體的行事曆

　　Jane 之前總是一直催促孩子「要做什麼」、「該做什麼」、「都已經幾點了，還在看電視！」她後來改成與孩子坐下來一起討論。小五的姊姊表示「不知道時間有多少可以用，又該做多少事情。」釐清雙方對於時間觀念的落差。

• 倒數計時器

　　取代媽媽的提醒，讓孩子自己調整計時器，培養主動與負責任的觀念。時間到了的時候，孩子會主動去完成功課。

• 鼓勵

　　小學三年級的弟弟主動完成作業，家長會鼓勵孩子的主動性讓親子感情更好，取代之前的指責，批評減少。

　　另一個家長學員 Alice 分享：「更有意識地掌握時間，即使孩子今天不按行事曆，也不焦慮。」

　　經由具體的表格，了解自己已經盡力，也知道自己做不到，更能體諒孩子，放下以往覺得很多事情沒做的焦慮。

展現信心

馬哈老師的《馬哈親子理財 10 堂課》分享「一日家長」，即讓孩子記帳與規劃用餐。我參考這種概念，當觀察孩子能自行規劃假日的行事曆且做到，我在家庭會議中提出「半日家長」的想法，也就是讓他們自主設計早上的行程，不需跟我討論。

第一次的半日家長有「該做」的家務事跟「想做」玩電動，他們全部先做想做的，再做該做的，我也沒有特別說什麼，尊重他們。

半天結束後，他們只完成想做的，該做的都擠在下午。即使如此，因為我放手給他們規劃，所以我並沒有多說話。

後來他們在家庭會議中再次提出「想要做半日家長」，我直接說：「但是上次半日家長並沒有完成該做的事情，請問怎麼樣規劃適合完成該做的與想做的？」

當能夠完成該做與想做的時候，再讓他們規劃半日家

長。不在當下沒做好時指責，改為家庭會議平靜的討論，孩子會知道該做跟想做為自己的人生負責。

國中後：常見青少年問題

升上國中會面臨到是否給手機和網路社交等問題。士林地方法院擔任少年調查保護官的吉靜如《只是開玩笑，竟然變被告？：中小學生最需要的 24 堂法律自保課》的章節中，我印象最深刻為「在臉書、IG 寫也有罪？」。

相較於 X 世代（1965 年至 1980 年出生）與 Y 世代（1980 年代和 1990 年代出生）父母，Z 世代（1990 年代末葉至 2010 年代前期出生）和 α 世代（2010 年後出生）的孩子生活是「網路」、「影音平台」陪伴成長。

所以家長除了課業作息，更應重視網路與手機使用規範，我家哥哥約莫在國小四年級表達想要手機，並出現青少年叛逆的頂嘴行為。

我選擇開「家庭會議」，一次又一次地制定使用平板的習慣，找到雙方都能夠接受的方式。面對 3C 產品我們不是抗拒，而是接受與陪伴孩子選擇適合觀看內容與使用時間。

正向教養小工具

家庭會議

1	2	3	4
致謝與感激	需要討論的問題	議程	娛樂活動

圖片來源：《溫和且堅定的正向教養：姚以婷審定推薦，暢銷全球 40 年的阿德勒式教養經典，教出自律、負責、合作的孩子，賦予孩子解決問題的能力》遠流出版，第 270~272 頁。

氛圍：溫暖又舒服的氣氛

主持人：冷靜又穩定的心情

家庭成員按照以下流程（如果不想發言，可使用跳過）：

- **讚美與感謝**

  謝謝家庭每一個人所做的一項事情，例如謝謝媽媽煮飯、謝謝姊姊教功課。

- **需要討論的問題**

  一次一個問題，例如，孩子吃飯不坐好、寫作業很慢。

- **議程**

  下週計畫、活動或是需要討論的主題，像是計畫表沒辦法達成等問題，請孩子提出自己的解決方案，家長應用3R1H原則「適度」調整跟確定方案。

  3R1H原則：相關（Related）、尊重（Respectful）、合理（Reasonable）、有幫助（Helpful）

  方案確定後，花時間陪伴孩子執行。孩子們主動提出的方法，他們「大部分」都能遵守，遇到不能遵守時，家長不同以往「上對下」的姿態，而是用「平等又尊重」提問「這是你提出的事情，現在不能遵守，可以怎麼做？」、「我觀察到現在時間表沒有辦法在時間內完成，我們一起討論看看哪邊還可以調整呢？」

家長用具體陳述事實和共同討論的溝通方式，青少年會感到被尊重與信任，更願意說出內心話和家長共同討論。

• 娛樂活動

桌遊或是點心，我們家都是準備點心或是跳過。

時間管理也是情緒管理。

日本知名作家村上龍在《新工作大未來：從 13 歲開始迎向世界》直指「考上好大學，就能進入大公司或公家機關工作，從此過著安心穩定的生活這樣的時代，已經結束了。」

這與我教導孩子時間管理的原因不謀而合，「時間不只是拿來念書，也要好好享受生活」，雖然 X 世代與 Y 世代父母準備大學聯考的壓力很大，但我的童年生活是開心成長，會跟鄰居去小溪玩、在曬穀的四合院裡玩鬼抓人，小學會到同學家玩，直到國中才去補習班。

然而現在孩子遇到「國小國中化」的課業壓力，從幼兒園就開始學英文，國小補各式各樣的才藝。許多諮詢時間管理課程的家長，多半遇到孩子上學後，回家拖拖拉拉或不願意寫作業，我仔細一問發現，大部分孩子上完才藝課回到家都不想寫作業。

孩子逃避課業壓力轉化成家長的時間壓力，因而容易引起

親子情緒上的衝突。所以，小孩的時間管理同時需要學習時間管理，唯有父母情緒好或者孩子的情緒穩定，才會按照行事曆的進度去執行。

家長依照媽咪老師整理成功執行計畫表的正向教養心法與方法，共學時間管理與情緒管理，更能做到「溫和又堅定」的正向教養。

1. 具體的行事曆—圖表

2 拆解成小步驟—分解

3. 花時間訓練

我家小學生只有上學校校隊與社團，沒有去課後班與安親班。學業上要加強的部份選擇上家教，讓他們有更多時間探索自我與放鬆，因為他們在中低年級時，已按照時間計畫表培養負責自主寫完作業的能力（我的標準為寫完作業，沒有核對對錯），多半已能負責好個人的時間管理、整理自己書桌與家務。

2023 年，AI 繪圖軟體與聊天機器人 ChatGPT 問世，面對

AI 世代，家長要培養獨立自主的孩子，不是讓孩子依賴我們，
並培養孩子解決問題的能力，學習時間管理與情緒管理，培養
獨立自主的品格。

Chapter **5**

原子計畫是長久計畫

落實在生活才能長久

有家長提問：「我真的沒有辦法做到溫和堅定！當孩子不寫作業大發脾氣，我好聲好氣地講，然而他們還是不聽話，我馬上破口大罵！究竟如何用溫柔而堅定的語氣，充分做好親子溝通？」

家長不是沒有耐心而是累壞了！詢問得知，家長大發脾氣時，通常已經是情緒瀕臨極限或是已經過度疲倦了。

即使家長滿腔熱血想按照書中知識執行計畫與習慣，但沒有辦法持久。我從《刻意練習》、《原子習慣》到應用《正向教養》這五年到六年的時間中，能夠不間斷持續的原因是「鼓勵自己」、「放下手機」、「適時休息」、「留時間給自己」、「瑜珈和冥想」。

• 鼓勵自己

長久執行原子計畫的主因是「鼓勵自己」，我能夠看見自己有做好的地方，雖然還是會批評自己的不足，但看見進步，因此我能持續堅持。

我們傳統的教育是希望你做好，但指責做的不好之處。所以我們很習慣看見自己哪裡做的不好，因而苛責和要求自己，沒有看到自己做的好以及努力的地方。

直到我因為學習兒童理財閱讀《小狗錢錢與我的圓夢大作戰》，書中女主角小女孩琦菈為了自己的夢想寫成功日記。成功日記為準備一本筆記本，寫上當天所有做成的事情，一天至少五項，任何小事情都可以。小女孩琦菈雖然很猶豫，還是在第一天的日記寫了五項，我印象最深刻的是「今天開始寫成功日記」，原來開始去執行，也是一件值得覺得驕傲的小事，我太少注意自己願意去執行的事情。

我在 2019 年寫了三個月「成功日記」。剛開始寫成功日記

時，會陷入懷疑，小小的家庭主婦怎麼可能會有做好的部分，所以初期記錄寫得很簡短，我煮飯給孩子吃或是今天完成所有家務事，透過記錄看到自己進步與學習，為家庭主婦的低落自信中給予自己支持，減少以往因為他人指責而批評和貶低自我，「成功日記」是達到自己目標的成功，不是他人認為的成功。

幫自己鼓勵，才有成長的動力。

執行計畫就像開車一樣，如果一直沒有加油，車子會缺少前進的動力。鼓勵增加「我做得到」的想法，再加上將目標分成「小任務」，確實做到與看到努力，雖然在求快的世界中顯得進度很慢，但也能走到自己的目標。

• 放下手機

身為一個自媒體創作者，要大家放下手機是一件矛盾的事。但是，記錄與分析手機時間使用，找到花太多時間在社群與社交平台，大量的手機提醒訊息，會影響專注力，以至於事情都沒有完成，反而造成時間壓力。

　　像是上班族家長想要趁午休好好午睡休息，可是習慣性打開手機，變成午休完全在滑手機而沒休息到，接著下午還得繼續工作。我也曾在晚上趁孩子睡後打算忙家務事時，想說先看一下手機，不小心回了訊息跟朋友聊天，兩個小時過去，一件家務事都沒做到，反而累積更多壓力，所以建議大家放下手機，好好的專注做一件事情試試看。

● 適時休息

　　《媽咪老師救生圈》Podcast 聽友與學員聽完的反饋是，對於正向教養執行有挫折感，都是因為沒睡飽，在疲倦之下更容易發脾氣、對孩子不耐煩。剛有二寶時，我重回追奶、夜奶與洗不完的奶瓶生活，即便知道自己深愛著孩子，可是因為太累，說出口都是傷害孩子的話，「你是哥哥怎麼不讓弟弟」，即使知道大寶會有退化行為，像是本來會自己吃飯反而需要我餵飯，可是因為我忙於照顧弟弟，會跟大寶說：「你已經長大了！自己吃飯！我還要忙弟弟，趕快吃飯！」只能在週末趁老公照顧小寶時，好好陪伴帶大寶修復感情。

本來喜歡熬夜追劇的我，因為先生出差美國一週，我每天跟孩子早早就寢，隔天一起起床，當睡飽時，能量也獲得補充，心情也好。我在孩子們約莫三到四歲時，養成跟他們一起早睡的習慣。這幾年要趕專案或工作而熬夜時，沒睡飽的情緒控制力變不好，對孩子的忍耐力也下降。

雖然我有兩個兒子，但目前大部分睡覺時間為晚上 10 點，培養早睡的習慣是戒掉每天三杯美式咖啡，中午過後盡量不喝含咖啡因飲料，身體自然感受到疲倦而上床睡覺。「正念瑜珈師資培訓」中學習到晚餐早點吃與減少手機使用對於睡眠的幫助，因此不用特地設定超早睡的規定，而是每週提早五分鐘關上手機與上床睡覺的原子計畫，養成睡眠好習慣。

這些方式大多符合微軟創辦人比爾蓋茲（Bill Gates）在 2019 年度選書《為什麼要睡覺》，書中提出健康睡眠的 12 項守則：

1. 遵守規律的睡眠時間

2. 運動的好處很多，但是不能太晚運動

3. 遠離咖啡因和尼古丁

4. 避免睡前飲酒

5. 避免太晚吃大餐、喝太多飲料

6. 盡量不要服用延後或干擾睡眠的藥物

7. 不要在下午三點之後午睡

8. 睡前要進入放鬆模式

9. 睡前泡個熱水澡

10. 臥室要黑暗、稍涼、沒有電子產品

11. 適當曬太陽

12. 不要醒著仍躺在床上

　　因為家長生活忙碌又要陪孩子睡覺，想要休息的最快方式是睡覺前不使用電子產品，以及少喝含咖啡因飲品，自然會培養睡意與休息。

• 留時間給自己

　　身為家長們總是把時間留給孩子、家庭，卻沒有真正留時間給自己，我很建議各位家長每天五分鐘或是一週抽一個時間段休息。當媽媽充飽電，更有力氣支持家庭，如果有家人的支持，偶爾出門到公園走走，讓家人照顧小孩會更有耐心。像是先生出差時，我會抽空在晚上做瑜珈或休息看書。

　　留時間給自己，意味著放手讓先生照顧小孩，媽媽大部分都是家事一把抓，所以要學習讓先生照顧小孩。有媽媽分享外出做指甲回到家，看到一地玩具與亂撕的衛生紙，原本放鬆開心的心情馬上轉成火氣直衝腦門。我建議媽媽準備發脾氣罵人前，不妨先深呼吸兩次至三次，經由呼吸感受到新鮮的氧氣補充能量，再深深的吐氣，把不開心的情緒隨著呼吸慢慢釋放。

　　深呼吸的短暫暫停，回想先生照顧過程，小孩依舊毫髮無傷，安全地玩玩具，因為他的照料，媽媽才得以偷閒兩小時到三小時，不擅長照顧小孩的老公也想被肯定，適時對先生說句「謝謝你顧小孩，讓我可以放鬆！」感謝也是一種鼓勵，幫助

先生在陪伴孩子過程中得到「成就感」。

• 花時間訓練

多培養老公照顧小孩機會，感覺他越來越上手時，再說出煩惱「放鬆回來，還有一堆事情要做，像是洗碗，洗衣服，掃地等等，下次我出門，我回來洗碗、洗衣服，你能不能帶他們一起收玩具？」

如果老公說：「不行！」

可以直接回：「你不喜歡帶他們收玩具？還是你要洗碗？」

媽媽能得到放鬆，老公會顧小孩又會做家事，是我們的目標，但若總是習慣抱怨，事情不會改變。當你準備要考英文檢定，一定是背單字、聽英文歌，有具體的行動去達成目標，引導老公也是需要具體行動，才能培養出心中期待的老公，才能留更多時間給自己。

• 做自己喜歡的事情

我們總是忙著照顧孩子，提醒上課以及自己的工作與家務，往往忘了最需要鼓勵是自己，當家長沒有充飽電時，怎麼去幫

孩子充電呢？

　　所以，我每天早上有個特有的儀式感－畫眉毛。當我看著鏡中的自己舒舒服服、漂漂亮亮，一起床就有好心情。各位家長也可以嘗試找到專屬的幸福儀式感，例如喝春水堂的奶茶、自我酒精消毒或者是品嚐甜點等，能夠好好地紓壓與感到幸福的方式。

學員正向教養小故事

　　學員分享她喜歡照顧自己的方式，是每天做豐盛的早餐給自己，拍照上傳到社交平台，讓她更有幸福儀式感！

　　所以除了追劇以外，你也可以做一件幸福的小事情，幫自己充電。

　　你也可以想想做成為媽媽前喜歡的事情是什麼呢？又有何時可以做？

成為媽媽前喜歡的事情是什麼呢？	現在何時可以做？

圖片來源：媽咪老師 Cindy 整理

• 瑜珈和冥想

除了每天早上有特有的儀式感，我特別喜歡瑜珈和冥想。我的學習是從瑜珈開始，接觸「正念瑜珈」，對於身心靈有更多照顧後，才學習正向教養。正念瑜珈緩慢的動作，停留的時間長，對於身體的微小改變有更多感知，我可以感受到今天肩膀特別緊、腰特別酸，瑜珈是留點時間給自己的身體對話，發覺情緒的流動以及身體的進度，花更多的注意力放在自己身上，降低外在批評事情不能做得好的聲音。

此外，「瑜伽海洋」Corey 老師教會我「每個人都有可以做的動作，不需要跟他人比較」，即使停留在原地也沒關係，

這就是真實的你，接納自己，也更能做到正向教養。當他人指責你太溺愛孩子，你會知道正向教養需要時間培養孩子的自主性，就像練習瑜珈一樣，沒辦法上一堂課就馬上學會劈腿或是倒立，得需要時間練習與嘗試。

面對他人的教養批評與指教，像是我曾聽過：「妳是正向教養講師，很會教孩子。為什麼遇到孩子有情緒不馬上教？算什麼老師？」我透過「正念冥想」破解對自身的限制性思考，清楚我不是天生會當媽媽，在學習正向教養前，我會對孩子說威脅的話語，遇到孩子不想出門上才藝課會脫口：「以後不帶你出門！」或被孩子的話語激怒時，忍不出拍桌子，甚至祭出體罰，但這並不是不可以修正的！

我先穩定想反駁對方的激烈情緒，平靜回應我並不是不教，只是還需要時間想如何引導。事後，我等孩子情緒平穩，與他共同討論下次該怎麼做？透過不斷討論和練習，才是長期有效的教養方式。

• 規劃你的人生目標

除了往目標前進，更要學會如何好好的照顧自己。我會在孩子睡後的「me time」做的事情是懂得適時休息、做點喜歡的事情、運動，瑜珈與冥想。希望可以從以上五點找到適合你的方式，因為要從沒有興趣的目標開始執行，可以靠外在獎勵讓自己有成長的動機，透過「成功日記」看到做得好的地方，鼓勵自己就能降低對於獎勵的依賴，啟動行動力，時更能持續長久地進行。

原子計劃容易達成，並不會因為目標太大覺得沮喪地做不到。反而當家長和孩子一步一步走得到，看見進步的美好，也能夠持續進行原子計畫。

完成目標像是吃完一個八吋蛋糕，不可能一次吃完整個蛋糕。但是如果切成八片，設定一天吃四片，兩天也能夠吃完。又像是若想一個月減重十公斤，這是天方夜譚且容易復胖，如果一週目標為 0.5 公斤，預計花二十週時間，因為目標容易也養成習慣，反而不容易反彈。

原子計畫成功的要素之一是每週或每月檢視「如何把計畫更容易落實到生活」。每當你缺乏動力，可以給自己一段休息習慣，順其自然不作為，在大家都追求成功與賺錢的時代，學會放鬆跟放下也是儲備動力的方式。

　　花點時間思考人生目標，不要追求成就感。在別人的地圖上，找不到自己的目標方向。不想要輸在起跑點，可是卻忘了人生需要跑到馬拉松的終點。

　　因此不管是全職媽媽、斜槓媽媽和職業媽媽，都能透過媽咪的原子計畫，找到適合自身工作與育兒的平衡點，帶著先生和孩子成為終身學習者，一起跑向理想生活的終點線。

附　錄

原子計畫小書

一、設定目標

我們在設定目標時，通常是健康、體重、工作等方向。奧地利心理學家阿德勒提到「人生所有的問題都可以歸結到 3 大問題：交友、工作、愛的問題。」他將在人生這段過程中所產生的人際關係課題分為「工作的關係」、「交友的關係」、「愛的關係」三個部分。

我將人生目標延伸五大方向：「成就、人際、財務、健康與愛」。長期到目前的規劃為「63111」原則，即執行時間是長期（6 個月）、短期（3 個月）、1 個月、1 週到 1 日的計畫。由長期到目前的規劃，如同開車一樣，能夠按照精準的指示到達目的。

成就：如工作上，育兒上或是體重管理等目標導向。

常見的目標為：考公職、閱讀幾本書、育兒進修、花多久完成專案等。

根據時間設定的目標

長期目標：6 個月後想達成的目標。

短期目標：3 個月內可以達成的目標。

1 個月目標：1 個月內可以達成的目標。

1 週目標：1 週內可以達成的目標。

1 天目標：1 天內可以達成的目標。

人生任務 —— 成就

長期目標	短期目標	一個月目標

一個月目標：

將一個月目標細分成四週可以完成的行動

第一週目標	第二週目標	第三週目標	第四週目標

一個月目標 —— 第＿週的目標

時間	星期一 一日目標	星期二 一日目標	星期三 一日目標	星期四 一日目標	星期五 一日目標	本週評估
8：00						新發現：
9：00						
10：00						
11：00						
12：00						
13：00						
14：00						具體改善方案：
15：00						
16：00						
17：00						
18：00						
19：00						
20：00						寫給自己鼓勵的話：
21：00						
22：00						
23：00						
24：00						

愛：不只是局限於親密關係，包含親友與家庭。

常見的目標為：改善教養不一致、單獨約會、先生學會傾聽等。

根據時間設定的目標

長期目標：6 個月後想達成的目標。

短期目標：3 個月內可以達成的目標。

1 個月目標：1 個月內可以達成的目標。

1 週目標：1 週內可以達成的目標。

1 天目標：1 天內可以達成的目標。

人生任務 —— 愛

長期目標	短期目標	一個月目標

一個月目標：

將一個月目標細分成四週可以完成的行動

第一週目標	第二週目標	第三週目標	第四週目標

一個月目標 —— 第__週的目標

時間	星期一 一日 目標	星期二 一日 目標	星期三 一日 目標	星期四 一日 目標	星期五 一日 目標	本週評估
8：00						新發現：
9：00						
10：00						
11：00						
12：00						
13：00						
14：00						具體改善 方案：
15：00						
16：00						
17：00						
18：00						
19：00						
20：00						寫給自己 鼓勵的話：
21：00						
22：00						
23：00						
24：00						

人際：讀書、工作時期，常常會有人際關係的困擾。其實，都是在意他人想與人友好的關係。

常見的目標為：人際斷捨離、增加人脈、多認識其他家長等。

根據時間設定的目標

長期目標：6 個月後想達成的目標。

短期目標：3 個月內可以達成的目標。

1 個月目標：1 個月內可以達成的目標。

1 週目標：1 週內可以達成的成就目標。

1 天目標：1 天內可以達成的成就目標。

人生任務 —— 人際

長期目標	短期目標	一個月目標

一個月目標：

將一個月目標細分成四週可以完成的行動

第一週目標	第二週目標	第三週目標	第四週目標

一個月目標 —— 第__週的目標

時間	星期一 一日 目標	星期二 一日 目標	星期三 一日 目標	星期四 一日 目標	星期五 一日 目標	本週評估
8：00						新發現：
9：00						
10：00						
11：00						
12：00						
13：00						
14：00						具體改善 方案：
15：00						
16：00						
17：00						
18：00						
19：00						
20：00						寫給自己 鼓勵的話：
21：00						
22：00						
23：00						
24：00						

財務：想要達成的財務目標

常見的目標為：存多少錢、看幾本理財書、買房等。

根據時間設定的目標

長期目標：6 個月後想達成的目標。

短期目標：3 個月內可以達成的目標。

1 個月目標：1 個月內可以達成的目標。

1 週目標：1 週內可以達成的目標。

1 天目標：1 天內可以達成的目標。

人生任務 —— 財務

長期目標	短期目標	一個月目標

一個月目標：

將一個月目標細分成四週可以完成的行動

第一週目標	第二週目標	第三週目標	第四週目標

一個月目標 —— 第＿週的目標

時間	星期一 一日 目標	星期二 一日 目標	星期三 一日 目標	星期四 一日 目標	星期五 一日 目標	本週評估
8：00						新發現：
9：00						
10：00						
11：00						
12：00						
13：00						
14：00						具體改善 方案：
15：00						
16：00						
17：00						
18：00						
19：00						
20：00						寫給自己 鼓勵的話：
21：00						
22：00						
23：00						
24：00						

健康：身體、睡眠或是體重的目標。

常見的目標為：減少幾公斤、降低多少體脂、幾點前要睡覺等。

根據時間設定的目標

長期目標：6 個月後想達成的目標。

短期目標：3 個月內可以達成的目標。

1 個月目標：1 個月內可以達成的目標。

1 週目標：1 週內可以達成的目標。

1 天目標：1 天內可以達成的目標。

人生任務 —— 健康

長期目標	短期目標	一個月目標

一個月目標：

將一個月目標細分成四週可以完成的行動

第一週目標	第二週目標	第三週目標	第四週目標

一個月目標 —— 第__週的目標

時間	星期一 一日 目標	星期二 一日 目標	星期三 一日 目標	星期四 一日 目標	星期五 一日 目標	本週評估
8：00						新發現：
9：00						
10：00						
11：00						
12：00						
13：00						
14：00						具體改善 方案：
15：00						
16：00						
17：00						
18：00						
19：00						
20：00						寫給自己 鼓勵的話：
21：00						
22：00						
23：00						
24：00						

二、寫下自己整天時間

你會翻開本書的原因是你知道要改變，卻不知道如何改變！看著心靈雞湯的各種書籍，希望幫自己生活理出頭緒，然而那是一般人的生活，並不是要扛著家庭與自己工作的媽媽生活。越做越沮喪，不是你的問題。

如果你問媽媽都在忙什麼？其實媽媽什麼事情沒做也就過了一天，上班族媽媽一早起來準備早餐，趕著送小孩出門、上班、回家時順便買菜。擔心孩子肚子餓趕快煮飯，還要邊催孩子洗澡與寫作業。等到小孩睡覺後，才能開始洗衣服，並做點家務事。

如果是全職媽媽，送完小孩後去買菜，順便買午餐，趕快做點家事，準備一桌晚餐。接小孩回來後也是催孩子做該做的事情，等到孩子睡覺才能洗碗、做點家務事。媽媽的原子計畫需要符合自己的人生目標，媽媽是一個人扛一家子的時間，時間非常寶貴，所以需認識時間四象限。

以媽媽生活中來舉例，

重要又緊急：工作

緊急但不重要：下個月事項

重要又不緊急：掃地、洗衣服

不重要又不緊急：聊天

時間四象限法則

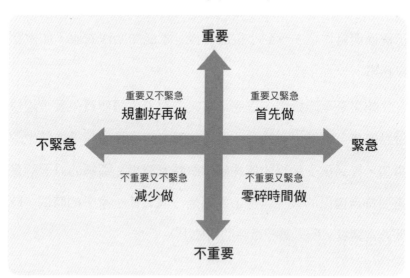

圖片來源：《與成功有約：高效能人士的七個習慣》天下出版，第 248 頁。

• 記錄行事曆

　　我們在寫計畫表都沒有考慮到原來的作息，先了解自己原本的作息並優化，是我找出最適合家長的事前準備。我以前每次在做計畫時，總是希望每個事情都想做，然而沒考慮到時間與精力是有限的，常常是在孩子睡之後，喝杯咖啡繼續完成未完成的事情，消耗體力也傷神。先記錄自己的使用時間，更能微調成適合自己的計畫表，現在讓我們一起先記錄三到七天的行事曆。

時間計畫表

日期 時間	星期一	星期二	星期三	星期四	星期五	星期六	星期日
8：00							
9：00							
10：00							
11：00							
12：00							
13：00							
14：00							
15：00							
16：00							
17：00							
18：00							
19：00							
20：00							
21：00							
22：00							
23：00							
24：00							

• 找出時間小偷

記錄行事曆後，可看出自己的專注時間與零碎時間。以我自己為例，我在煮飯或是走路買菜屬於零碎時間，可以思考將 Podcast 學習時間放在零碎時間上，專注的時間又該如何延長？使用番茄鐘或是提早起床把想做的事情完成？找出偷走時間的小偷後，不是質問你為何要把我時間偷走，而是想著如何找出使用時間的最好方式。

現在花點時間寫下，將時間使用分類，找出花在時間四象限的時間。

重要又緊急 首先做	重要又不緊急 規劃好再做	不重要又緊急 零碎時間做	不重要又不緊急 減少做

寫給自己鼓勵的話：		具體改善方案：	

三、原子計畫行動方案

　　實際時間記錄表後，再回頭檢視原子計畫，做出最適合自己的計畫，才能長期執行。把一週目標分成七天可以完成的行動。別小看每天的小行動，這些小行動容易在一天時間內完成，經由七天的行動累積，可以完成一週目標。此外，每天花五分鐘，檢視當天計畫並微調明天計畫，有了重新調整，更符合當下的情境，也更容易完成一週目標。遇到問題又是學習的機會。

四、原子計畫評估方案

　　時間規劃最常失敗的原因是沒有回顧與思考。當我們把遇到的問題視為學習的機會，調整心態來看待這一週哪裡做的好，好好鼓勵自己。哪裡需要改，經由修改計畫後，相信自己下一週可以做得更好，培養問題解決能力和成長型心態。

本週評估

新發現：	睡前花太多時間在滑手機，看社交媒體，導致太晚睡。
具體改善方案：	滑手機前，設定一小時鬧鐘提醒。
寫給自己鼓勵的話：	找到晚睡問題並願意改善，是一個很大的進步！

我跟大家一樣是育兒無助的家長，透過原子計畫找回自己的人生主導權。計畫是人設計，而人生是變動的，即使有時候沒完成，沒完成的不完美也是另一種美。

重要是透過每週的記錄，修正下次的計畫，設計出專屬於自身步調的原子計畫。

最高教養術，媽咪老師的原子計畫：
讓最貼近家長心的媽咪老師 Cindy，透過學習正向教養高效管理時間，
改寫孩子與自己的人生

作　　　者／媽咪老師 Cindy
美 術 編 輯／申朗創意
責 任 編 輯／沈軒毅
企畫選書人／賈俊國

總　編　輯／賈俊國
副 總 編 輯／蘇士尹
行 銷 企 畫／張莉滎、蕭羽猜、黃欣

發　行　人／何飛鵬
法 律 顧 問／元禾法律事務所王子文律師
出　　　版／布克文化出版事業部
　　　　　　台北市中山區民生東路二段 141 號 8 樓
　　　　　　電話：(02)2500-7008　傳真：(02)2502-7676
　　　　　　Email：sbooker.service@cite.com.tw
發　　　行／英屬蓋曼群島商家庭傳媒股份有限公司城邦分公司
　　　　　　台北市中山區民生東路二段 141 號 2 樓
　　　　　　書蟲客服服務專線：(02)2500-7718；2500-7719
　　　　　　24 小時傳真專線：(02)2500-1990；2500-1991
　　　　　　劃撥帳號：19863813；戶名：書蟲股份有限公司
　　　　　　讀者服務信箱：service@readingclub.com.tw
香港發行所／城邦（香港）出版集團有限公司
　　　　　　香港灣仔駱克道 193 號東超商業中心 1 樓
　　　　　　電話：+852-2508-6231　　傳真：+852-2578-9337
　　　　　　Email：hkcite@biznetvigator.com
馬新發行所／城邦（馬新）出版集團 Cité (M) Sdn. Bhd.
　　　　　　41, Jalan Radin Anum, Bandar Baru Sri Petaling,
　　　　　　57000 Kuala Lumpur, Malaysia
　　　　　　電話：+603- 9057-8822　　傳真：+603- 9057-6622
　　　　　　Email：cite@cite.com.my
印　　　刷／卡樂彩色製版印刷有限公司
初　　　版／2023 年 09 月
定　　　價／380 元
Ｉ Ｓ Ｂ Ｎ／978-626-7337-38-7
Ｅ Ｉ Ｓ Ｂ Ｎ／978-626-7337-37-0（EPUB）

城邦讀書花園　布克文化
www.cite.com.tw　www.sbooker.com.tw